보이지 않는 목격자

보이지 않는 목격자

1판 1쇄 인쇄 2024. 6. 4.
1판 1쇄 발행 2024. 6. 14.

지은이 이승환

발행인 박강휘
편집 이예림 디자인 조은아 마케팅 고은미 홍보 박은경
발행처 김영사
등록 1979년 5월 17일(제406-2003-036호)
주소 경기도 파주시 문발로 197(문발동) 우편번호 10881
전화 마케팅부 031)955-3100, 편집부 031)955-3200 | 팩스 031)955-3111

값은 뒤표지에 있습니다.
ISBN 978-89-349-3931-3 03470

홈페이지 www.gimmyoung.com 블로그 blog.naver.com/gybook
인스타그램 instagram.com/gimmyoung 이메일 bestbook@gimmyoung.com

좋은 독자가 좋은 책을 만듭니다.
김영사는 독자 여러분의 의견에 항상 귀 기울이고 있습니다.

보이지 않는 목격자

이승환 지음

대한민국 최고 DNA 감정 전문가가 들려주는 법과학의 세계

김영사

들어가는 글

30년이라는 결코 짧지 않은 세월을 '법과학(과학수사)'이라는 한 우물을 파면서 체득한 전문지식과 경험을 글로 옮겨보고 싶다는 생각을 줄곧 가져왔다. 이왕이면 많은 사람이 법과학에 대해 잘 알 수 있게 쉽고 재미있는 책을 써보고 싶다는 작은 소망이 있었는데, 드디어 결실을 맺게 되었다.

많은 청소년이 과학수사에 흥미와 동경심을 가지고 있다. 아마 라스베이거스, 뉴욕, 마이애미 등을 배경으로 한 CSI 드라마 시리즈가 그 시작이었을 것이다. 우리나라에서도 과학수사를 소재로 한 드라마나 예능 프로그램이 많아지면서 과학수사는 일반인에게도 익숙한 단어가 되었다. 내가 분자생물학 박사과정 중에 과학수사를 해보고 싶다며 검찰에 발을 들여놓았던 1991년에는 '과학수사'나 '법과학'이란 말 자체가 아주 생소했다. 당시 많은 교수님이 "아무것도 없는 그곳에서 네가 무얼 이루겠냐"라며 걱정에 가득 찬 조언을 해주

시던 기억이 아직도 선명하다. 하지만 그 후 가히 '뽕밭이 변해 푸른 바다가 된 격'이라고 할 만큼 이 분야의 위상과 과학수사에 대한 대중의 인식에도 많은 변화가 있었다. 오랜 세월 이 분야에서 일한 나로서는 참으로 뿌듯한 일이 아닐 수 없다.

학생들에게 과학수사에 왜 흥미를 느끼는지 물어보면 대부분 "그냥 멋있는 것 같아서요"라는 대답이 돌아온다. 이 책은 과학수사에 대한 학생들의 그런 막연하고 단순한 생각에서 벗어나 과학수사가 무엇인지 정확히 이해하도록 돕고 전문가로서의 꿈을 키우기 위해서는 그들에게 무엇이 필요한지를 제시하기 위해 쓰였다.

그렇다면 '과학수사'란 무엇일까. 문자 그대로 '과학을 이용해서 하는 수사' 정도로 이해할 수 있을 텐데, 여기서 말하는 과학을 통틀어 '법과학forensic science'이라 한다. 결국 법과학을 이용해 수사를 하는 것을 말한다. 그렇지만 법과학이 단지 수사에만 국한되는 것은 아니다. 법과학으로 만들어낸 증거는 수사뿐만 아니라 수사 이후 이어지는 기소나 재판에서도 아주 중요하게 다루어진다. 따라서 법과학이란 '법정에서 쓰이는 과학'이기도 하다. 그럼에도 법과학에 대한 정의는 아직도 모호하다. 과학이 다변화된 요즘도 법과학은 국가과학기술 표준분류체계에도 등록되어 있지 않다. 자연과학, 공학, 인문사회과학 등 그 어느 카테고리에서도 찾아볼 수 없다. 심지어 "법과학은 과학이 아니며 경험을 기반으로 하는 일종의 기술에 불과하다"라는 혹평을 서슴지 않는 학자들도 있다. 왜일까.

법과학은 기존의 과학 분류체계로는 분류가 불가능할 만큼 카테고리가 넓다. 예를 들어 DNA, 화학 등의 분야는 자연과학을 기반으로 하고, 심리 분석 등은 사회과학에 속하며, 디지털 포렌식 등은 정보통신기술을 이용한다. 게다가 적용되는 기술들은 모두 그 원리를 연관 과학에서 가져오는, 전형적인 응용과학이다. 범위도 매우 넓고 철저하게 응용과학인 만큼 법과학의 모든 분야에서 깊은 지식과 식견을 가진 전문가가 되기는 거의 불가능하다. 사실 하나의 분야에서 전문가가 되는 것도 만만한 일이 아니다. 진정한 전문가가 되기 위해서는 막연한 동경과 흥미를 넘어선 동기부여가 필요하다. 이 책이 과학수사 전문가를 동경하는 독자들에게 그런 동기부여의 촉진제 역할을 할 수 있기를 진심으로 바란다.

책의 내용에 대해 간략히 적고자 한다. 1부는 법과학의 여러 분야를 소개하며 이론적인 지식을 정리하고, 법과학의 다양한 분석법과 주요 범죄 사건을 다뤘다. 여러 분야가 융합된 응용과학이니만큼 아주 전문적인 이야기는 아닐지라도 독자들이 이해하고 흥미를 가질 수 있도록 쉽게 쓰고자 노력했다. 2, 3부는 나의 전공인 'DNA 감정'에 대해 중점적으로 다루었다. 법과학 DNA 분석이 무엇인지, 또 어떤 원리에 따라 어떤 방식으로 이루어지는지 설명하고, 내가 30년 동안 실무를 담당하며 겪었던 잊지 못할 경험들이나 외국의 흥미

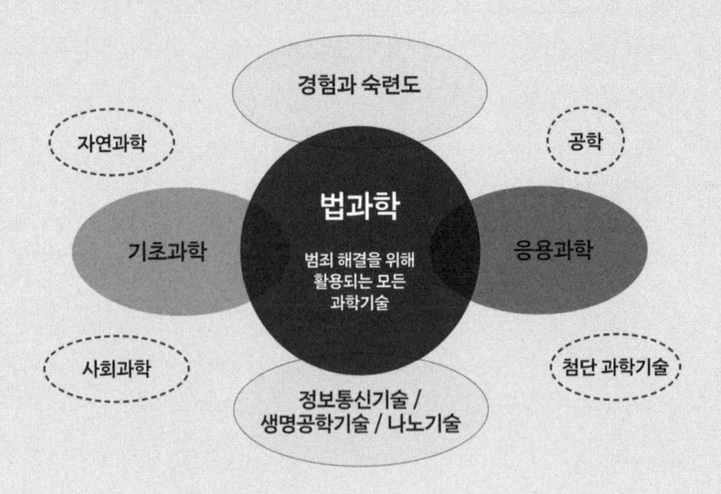

진진한 사례들을 담았다. 4부는 법정에서 과학적 증거가 어떻게 받아들여지는지에 대해서도 법과학자의 입장에서 다루고자 했다. 법과학에 대해 법학자나 법조인이 바라보는 시각과 법과학자의 시각은 조금은 다른 듯하기 때문이다. 마지막으로 부록에는 지난 30년간 법과학자로 지내오며 법과학과 함께한 시간을 담았다. 대한민국 법과학의 역사와 발전을 되짚어보고, 기억에 남는 사건과 소회를 전한다.

고등학생 정도면 이해할 수 있도록 쉽게 풀어쓰려고 노력했지만 전문적인 내용도 많이 포함되어 있어 결코 가볍고 쉬운 책은 아니다. 책을 덮었을 때, 막연했던 과학수사와 법과학의 개념이 머릿속에 선명한 그림으로 떠오를 수 있다면 저자로서 더 큰 보람은 없을 듯하다.

엉성한 글재주에도 불구하고 법과학자의 의욕을 앞세워

쓴 글들을 책으로 엮어준 김영사에 정말로 고마운 마음을 표하지 않을 수 없다. 그리고 꼭 감사의 뜻을 전하고 싶은 분들이 있다. 내가 해왔고 성취했던 모든 일은 나 혼자 한 일이 아니다. 매 순간 나를 도와준 수많은 손길이 있었음을 꼭 밝혀두고 싶다. 특히 몇 명이 안 되는 조직에서 이런저런 많은 시도를 할 수 있도록 무한한 도움을 준 검찰 후배 직원들에게 고맙다. 그리고 같은 길을 걸어오며 격려와 용기를 준 동료들에 대한 감사는 어떤 말로도 부족할 것이다.

아울러 끝까지 응원해준 가족, 그리고 후학을 가르쳐보고 싶은 소망을 이루어준 지금의 학교 관계자들 모두에게 깊이 감사드린다.

2024년 6월 신록이 가득한
화성의과학대학교 연구실에서
이승환

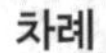

3부 범죄 현장 속 DNA 분석

4부 법정에서의 과학적 증거

1부

법과학으로 보는
범죄의 흔적

'과학수사'와 '법과학', 뭐가 맞을까?

"'과학수사'와 '법과학' 중에 뭐가 맞아요?" 강연을 하다 보면 자주 듣는 질문이다. 뭐가 맞느냐고? 둘 다 맞다. 어차피 '포렌식 사이언스'를 우리말로 옮긴 용어이므로 뭐가 맞는지보다 그 의미가 무엇인지 아는 게 더 중요하다. '포렌식'이란 단어는 대중에게도 익숙한 용어가 되었다. 사회적으로 큰 물의를 일으키거나 굵직한 비리에 연루된 사람의 휴대폰을 '포렌식'한다는 말을 뉴스에서 많이 들어보았을 것이다. 여기서 말하는 포렌식은 통화 내용이나 문자 메시지를 복원한다는 아주 좁은 의미인데, 워낙 중요하고 빈번히 사용되는 수사 기술이다 보니 이것이 포렌식의 대표적인 뜻이 되었다.

포렌식이란 단어는 고대 로마의 집회 장소였던 포룸forum

에서 유래했다. '포룸'은 '다보스 포럼' 등 우리에게 익숙한 영어 단어 '포럼'의 어원이기도 하다. 고대 로마에서 포룸은 재판정으로도 쓰였는데, 로마 공화정 시대의 법조인이자 지성인이었던 키케로는 포룸에서 열띤 변론을 하기도 했다.

포룸/포럼의 의미에서 보듯 '포렌식 사이언스'는 '법정에서 쓰이는 과학'을 말한다. 우리말로는 법정과학, 법과학, 과학수사 등으로 옮길 수 있겠다. 다만 범죄에 대해 연구하는 범죄과학criminal science이나 범죄학criminalogy과는 의미가 구분된다.

나는 개인적으로 '과학수사'보다는 '법과학'이라는 용어를 선호한다. 과학수사는 왠지 수사에 적용하는 과학이라는 이미지가 떠올라 범위가 국한된 것 같다는 생각에서다. 포렌식 사이언스가 수사에서 정말 중요하다는 사실은 두말할 필요가 없지만, '법정에서 쓰이는 과학'이라는 점도 이에 못지않게 중요하다. 첨단 과학기술로 범죄 사실을 밝힌다고 해도 판사가 그 증거를 인정해주지 않으면 아무 소용이 없기 때문이다. 그만큼 포렌식 사이언스에서 중요한 것은 증거로 쓰일 수 있는 자격(법률 용어로 '증거능력')과 범죄 사실을 입증할 수 있는 힘(법률 용어로 '증명력')을 갖추는 것이다. 이런 이유로 법과학은 수사에 쓰이는 과학적 '기술'이라는 단순한 의미를 넘어 '수사를 통해서 피의자를 재판에 넘기는 기소와 그 이후의 재판에도 쓰이는 과학'이라고 이해해야 한다.

'과학수사'는 그 용어를 처음 사용한 일본과, 한국을 제외하면 다른 나라에서는 거의 쓰지 않는 말이다. '국과수'라는 이름으로 더 익숙한 국립과학수사연구원National Forensic Service(NFS)은 1950년대에 설립되었는데, 그 당시에는 국립과학수사연구소National Institute of Scientific Investigation(NISI)였다. 2010년 국립과학수사연구원으로 승격되면서 약자도 바뀌었는데, 기존 국과수의 영문명에 들어 있는 'Scientific Investigation'은 말 그대로 과학적으로 수사한다는 뜻이다. 이 때문에 검찰에서 과학수사 관련 부서의 영문명을 정할 때 그럼 다른 부서는 주먹구구식 수사를 하는 곳이냐는 볼멘소리도 있었다. 전혀 일리가 없는 말은 아닌 듯하다.

그럼에도 과학수사라는 용어가 모두에게 익숙한 것은 엄연한 사실이다. 이 책에서도 과학수사라는 용어를 사용하고 있다. 용어가 혼용되기도 할 뿐만 아니라 독자들에게는 과학수사가 더 익숙한 용어이기 때문이다. 하지만 포렌식 사이언스는 수사에만 쓰이는 '기술'에 국한된 것이 아니라 훨씬 더 넓은 범위와 분야에 적용되는 '과학'이라는 점을 다시 한번 강조한다.

포렌식 사이언스가 언제부터 정식 용어가 되었는지는 정확히 알 수 없다. 사실은 아직도 "포렌식 사이언스는 사이언스가 아니다"라는 비판이 있다. 충분히 과학적이지 않다는 것인데, 일리가 있는 비판이다. 이어지는 글에서 법과학의 발전 과정을 짚어보면서 포렌식 사이언스의 문제점은 무엇인지 살펴보자.

법과학의 진화

조선시대에도 오늘날의 과학수사대에 해당하는 별순검이 있었고, 법의학서 《증수무원록增修無寃錄》을 간행하기도 했다. 억울하게 죽은 사람의 한을 풀어주는 것은 동서고금을 불문하고 국가가 꼭 해야 할 역할이었을 것이다. 그렇다면 현대 법과학의 토대를 만들었다고 평가받는 사람은 누구일까? 법과학을 이루는 분야가 워낙 다양해 관점에 따라 다르겠지만 19세기 후반 프랑스의 경찰관 알퐁스 베르티옹(1853~1914)과 의사이자 범죄학자인 에드몽 로카르(1877~1966)가 자주 언급된다.

파리 경찰청에 근무하던 베르티옹은 1879년에 당시 인류학에서 사용하던 열한 가지 신체 부위 측정법과 사진 촬영

기술을 결합해 범인을 식별하는 데 활용하는 '베르티오나주'라는 수사기법을 고안했다. 기존 학문에서 사용되던 이론을 수사 기술에 접목하는 참신한 시도였다. 곧 경찰 내에 신체 측정 부서가 설치되었고 이 수사기법과 시스템은 세계 여러 나라에 전파되었다. 그 정확성이야 지금의 수준에 비하면 보잘것없었겠지만 경찰 내에 법과학 관련 부서가 생기는 데에 지대한 공헌을 했다는 점은 인정해야 할 것이다.

에드몽 로카르는 "모든 접촉은 흔적을 남긴다"라는 멋진 말을 한 사람인데, 이 말은 현대 법과학자들도 황금률처럼 여길 만큼 함축적이면서 정확한 명언이다. 오늘날 법정에서 다루어지는 법과학 증거의 대부분이 접촉에 의해 생긴 흔적을 분석한 결과이니 말이다. 로카르는 1910년에 최초로 법과학 연구소를 설립했으며, 혈액/정액 분석, 독극물 분석, 총기 감정과 같은 다양한 분야를 망라해 일종의 법과학 백과사전을 저술했다. 법과학을 하나의 연구나 학문 분야로 올려놓은 첫 시도라고 할 만하다.

이 밖에도 19세기 후반에서 20세기 초반 사이에는 중요한 과학적 발견들이 이루어지면서 법과학에도 커다란 진전이 있었다. 우선 혈액형이 발견되어 사건 현장의 체액에서 일정한 정보를 얻을 수 있었고, 독극물을 비롯해 화학물질의 성분을 밝히는 질량분석기가 발명되어 '이것이 무슨 물질인고?'에 답할 수 있는 토대를 마련했다. 또한 마약과의 전쟁은 분석화학 발전을 자극했다. 1915년에는 미국의 과학자 윌리

엄 몰턴 마스턴이 거짓말탐지기를 발명해 수사에 활용되기 시작했다. 지문이나 장문(손바닥), 족적(발), 치흔(치아) 등이 수사에 활용되기 시작한 것도 이 무렵이다. 그렇지만 빨리 먹는 밥이 체하듯 설익은 연구를 기반으로 한 법과학 적용은 곧 도전을 받게 되었다.

1923년 살인혐의를 받고 있던 미국의 제임스 알폰소 프라이라는 사람이 자신의 결백을 주장하기 위해 자청해서 거짓말탐지기 검사를 받았다. 결과는 '죽이지 않았다'였다. 하지만 법원은 거짓말탐지기 결과를 증거로 채택하지 않았다. "거짓말을 하면 수축기 혈압이 올라간다는 개연성은 인정하지만 그것이 관련 전문가 집단에서 일반적으로 받아들여지는 사실로 입증된 바 없다면 증거가 될 수 없다"라는 게 판결문의 요지였다. 프라이 판례라고 알려진 이 판례는 거짓말탐지기뿐만 아니라 다른 법과학 증거의 신뢰성을 판단하는 기준이 되면서 법과학자들을 곤경에 빠뜨리곤 했다.

판사가 관련 법 조항이 없거나 미흡해서 적절한 판결을 내리기 어려울 때는 과거의 '판례'를 참조한다. 그만큼 판례는 법정에서 법률에 버금가는 권위를 지니기 때문에 이를 뒤집으려면 엄격하고도 합리적인 이유가 있어야 한다. 당연히 법과학자들은 과거의 판례를 극복하기 위해 엄청난 노력을 기울여왔다. 이에 대해서는 뒤에서 더 이야기할 것이다.

두 번의 세계대전을 겪으면서 과학은 엄청나게 발전했고, 그 덕분에 법과학도 꾸준히 진화를 거듭해왔다. 20세기 후반에는 DNA 분석법이 개발되어 법과학의 신기원을 열었다. 1984년 영국에서 벌어진 강간살인사건이 미궁에 빠졌을 때 영국의 유전학자 앨릭 제프리스 교수가 사람마다 DNA 패턴이 다르다는 점에 착안해 DNA 분석을 제안했다. 수사팀은 이를 받아들여 지역 주민 5500명의 DNA를 채취해 감정했다. 당시 제프리스 교수가 내놓은 결과는 현재 사용하는 DNA 분석 기술과는 큰 차이가 있지만, 그럼에도 DNA 분석의 원조로서 전 세계에 엄청난 영향을 미쳤다는 것은 부정할 수 없다.

21세기에 들어서자 IT 혁명과 함께 시작된 디지털 포렌식이 DNA 분석을 밀어내고 왕좌를 차지하게 되었다. 현대의 범죄 수사에서는 스마트폰을 비롯해 CCTV, 디지털 음성파일, 이메일, 전자계좌 등 디지털 데이터와 관련되지 않은 것이 거의 없기 때문이다.

이렇듯 법과학은 첨단 과학기술과 나란히 발전해왔고 지금도 진화 중이다. 그럼, 지금은 완벽할까? 뒤에서 살펴보겠지만 2000년대 들어서도 지문 분석의 오류로 엉뚱한 사람을 범인으로 모는 일이 있었다(2004년 스페인 마드리드 열차 폭탄테러 사건). 법과학의 역사에 오점을 찍은 사건이다. 이 일을 계기로 미국을 비롯한 전 세계에서 법과학에 대한 근본적인 회의가 일었고, 이를 극복하기 위해 법과학자들은 오늘도 많은 노력을 기울이고 있다.

거짓말과 심리생리검사

"거짓말을 하면 진짜 전기가 와요?" 내가 근무했던 검찰청의 국가디지털포렌식센터에 견학 온 한 아이가 심리 분석 부서를 둘러보고 한 질문이다. 이 날카로운 질문은 예능 프로그램에 심심찮게 등장하는 장난감 거짓말탐지기를 보고 나온 것 같다. 우리가 흔히 거짓말탐지기(정식 명칭은 '폴리그래프polygraph'다)라고 부르는 것은 사람의 심리에 따른 생리적 반응의 변화를 측정해 거짓말 여부를 판단하는 심리생리검사 기기이다.

미국의 심리학자 폴 에크먼의 연구에 따르면 사람은 평균 8분에 한 번씩 거짓말을 한다고 한다. 법과학에서 거짓말을 알아내는 방법은 심리생리검사 외에도 사람의 행동을 관찰하는 행동 분석, 진술 내용 자체를 분석하는 진술 분석 등으로 다양한데, 이를 합쳐 '심리 분석'이라고도 한다. 요즘에는 거짓말 여부를 판단하기 위해 심리생리검사뿐 아니라 행동 분석, 진술 분석도 같이 실시해서 종합적으로 판단하는 '통합심리 분석'이 일반화되고 있다.

심리 분석이 다른 법과학 분야와 근본적으로 다른 점이 하나 있다. DNA 분석, 화학 분석, 지문 분석 등의 분야에서는 물적 증거physical evidence로부터 분석 결과를 얻는 데 비해, 심리 분석은 사건과 관련된 사람의 행동과 진술로부터 정보를 얻는다는 것이다. 그래서 물적 증거가 없는 사건을 밝히는 데 유용하다.

심리생리검사를 수행하는 폴리그래프는 여러 지표를 계측해서 기록하는 기계로, 병원에서 심전도 검사를 할 때처럼 검사를 위해서는 신체 여러 곳에 전극을 부착해야 한다. 거짓말을 하면 피노키오처럼 코가 길어지는 게 아니라 호흡이 불규칙해지고 심장박동이 빨라지며 혈압이 올라가고 땀이 나면서 피부의 전기 저항성이 감소하는데, 이를 감지해 기록하기 위해서다.

그런데 우리가 오해하는 부분이 있다. 이 검사로는 예능 프로그램에서 본 것과는 달리 '누구를 좋아한다, 혹은 싫어한다' 같은 주관적 감정에 관한 진술에 대해서 진위를 판단할 수 없다. 오로지 객관적이고 구체적인 사실에 대한 진술의 진위를 판단하기 위해서만 사용할 수 있다. 더구나 질문

폴리그래프 검사

내용을 어떻게 구성하는지, 검사 전 면담을 어떻게 하는지에 따라 결과가 달라질 수 있으므로 고도의 전문성이 요구된다. 심리생리검사를 수행하는 수사관은 오랜 기간의 교육과 훈련을 통해서 자격을 부여받은 사람들이다.

심리생리검사 결과를 증거로 채택하지 않았던 1923년 미국의 프라이 판례(이 사건에 대해서는 4부에서 자세히 다룬다) 이후, 우리나라에서도 폴리그래프 검사를 증거로 쓸 수 있느냐를 둘러싸고 줄곧 논란이 벌어졌다. 거짓말을 한다고 반드시 심리적 변화가 일어나고, 그 심리적 변화가 언제나 생리적 변화로 나타날까? 그러나 실제로 많은 연구들이 심리생리검사의 정확도를 90퍼센트 이상으로 보고 있다. 2011년 미국 폴리그래프협회에서 폴리그래프 검사 결과와 판결 결과의 연관성을 살펴보는 연구를 실시했다. 총 3723건, 1만 1737명에 대해 분석한 결과, 검사 결과의 정확성은

83~95퍼센트였다.

심리 분석의 종류를 하나씩 살펴보자. 행동 분석은 행동의 징후를 관찰해 거짓말 여부를 판단하는 것인데, 축적된 심리학 연구 결과를 참고해 실시한다. 예를 들어 거짓말을 할 때는 말이 길어진다거나 음색이 높아지고 어휘를 잘못 사용한다는 등의 사실을 지표로 삼을 수 있다. 최근에는 특히 눈동자의 움직임과 관련한 연구가 많이 수행되었다. 인공지능 기술과 접목해 눈 깜빡임이나 동공의 변화, 안구의 움직임 속도 등을 측정하는 안구추적기eye-tracker를 개발해 거짓말 탐지에 적용하려는 시도도 이루어지고 있다.

진술 분석은 아동 성학대 사건에서 아동의 법정 진술에 대한 신뢰성을 평가하기 위한 목적으로 개발되었다. 아동 성학대 사건에 대한 진술 분석 전문가로 유명한 독일의 심리학자 우도 운도이치가 처음 제안한, "실제 사건에 대한 기억에서 나온 진술은 허구나 상상에 기초한 진술과는 그 내용과 질에서 차이가 있다"라는 전제를 바탕으로 사실과 허위 진술을 구별하기 위한 몇 가지 지표를 만든 것이 진술 분석의 시작이었다. 그중 대표적인 지표인 CBCA(Criteria-Based Content Analysis)는 수사기관뿐만 아니라 여성 관련 기관 등 여러 분야에서 활발히 사용되고 있다. 특히 증거로 인정되기에 한계가 있는 아동이나 지적 장애인의 진술을 분석하는 목적으로 자주 활용된다. 이는 진술의 진위를 판단하는 목적으로 사용된다는 점에서 범인의 사이코패스적

유형이나 범죄 특성 등을 분석하고 예측하는 '프로파일링'과는 다르다.

의료기술이 발달함에 따라 뇌파 분석도 병행할 수 있게 되었다. 사람의 뇌는 이미 알고 있는 정보와 새로운 정보를 다르게 처리한다고 한다. 예를 들어 가족의 사진을 보여주었을 때와 모르는 사람의 사진을 보여주었을 때, 뇌가 다르게 반응한다는 것이다. 특히 P300으로 알려진 뇌파 지표에서는 범죄 관련 정보를 알고 있는 사람과 모르는 사람의 파형 차이가 두드러지게 나타난다고 한다. 이 밖에 fMRI(기능성 자기공명 영상)를 이용한 연구도 활발히 진행되고 있다.

사회 변화가 빠르고 새로운 유형의 범죄가 늘수록 심리학이 수사와 증거 분석에 사용되는 분야는 계속 늘어날 것이다. 대중적 관심과 호기심을 넘어 이 분야의 전문가가 되기 위해서는 전공 지식을 쌓는 것 이외에도 일정한 훈련과 경험이 필요한 것은 당연한 일이다.

직접증거와 간접증거

'농약 사이다' 사건

우리나라 형사소송법 제307조에는 "사실의 인정은 증거에 의하여야 한다"는 조항이 있다. 증거에 의해 재판을 한다는 '증거재판주의'를 나타낸 조문으로, 쉽게 말하면 범죄 사실을 인정하기 위해서는 증거가 필요하다는 것이다. 그것도 합리적 의심의 여지가 없을 정도로 확실한 증거 말이다. 증거는 크게 두 가지로 나눌 수 있다. 하나는 '이 사람이 범인이다'(혹은 '아니다')라고 확신할 수 있는 직접증거다. 예를 들어 범행 현장을 직접 본 목격자의 진술이나 범행 흉기 같은 물적 증거가 직접증거에 해당한다. 또 하나는 간접증거인데, 이는 피의자가 범인인지 여부를 추측하게 하는 증거다. 법과학을 통해 얻은 결과들은 특수한 경우를 제외하고는 대부분

간접증거에 속한다. 하지만 간접증거라고 해서 증거 가치가 떨어지는 것은 아니다. 형사소송법 제308조에 "증거의 증명력은 법관의 자유 판단에 의한다"라고 명시되어 있는 것처럼(자유심증주의. 이와 반대되는 개념으로 증거의 효력은 법으로 정한다는 '증거법정주의'가 있다) 법관이 증거로 인정할 수 있을 정도로 신뢰성을 갖추기만 하면 된다. 사실 대부분의 사건에서 직접증거는 그리 많지 않다. 그래서 법관은 종종 여러 가지 간접증거들을 종합적으로 검토해 피고의 유무죄를 판단한다.

범행 현장에는 사건의 진실을 말하는 증거들이 곳곳에 숨어 있다. 이것을 빠트리지 않고 찾아내는 것이 바로 과학수사대(CSI)의 중요한 역할이다. 이렇게 확보한 증거물의 종류는 혈흔, 정액흔, 머리카락 같은 생물학적 증거 외에도 지문, 족흔, 섬유, 유리조각, CCTV 영상 등 다양하다. 어떤 종류의 증거인지에 따라 분석해야 할 항목이 다르므로 이를 잘 구분해서 적절한 분석을 의뢰하는 것이 중요하다.

우리나라에는 아쉽게도 아직 없지만 미국이나 유럽의 큰 법과학 기관에는 고도의 전문성을 지닌 직책이 따로 있어서 한곳으로 모인 증거물들을 적합한 분석실로 분담하는 역할을 한다. 하나의 증거물에 여러 가지 분석이 필요한 경우도 있는데, 이때 분석 순서를 바꾸면 중요한 증거를 놓칠 수도 있다. 우리나라에서도 하나의 사건에서 다양한 분석을 통해 종합적인 법과학 증거를 만드는 사례가 점점 늘고 있다. 그렇게 해서 간접증거들의 신뢰도를 더 높이는 것이다.

2015년 무더운 여름날, 한적하고 평화로운 시골의 마을회관에서 두 분의 할머니가 사망하고 두 분이 중태에 빠지는 사건이 일어났다. 이른바 '농약 사이다' 사건으로, 언론에서도 크게 다루었다. 사망 원인은 사이다에 들어 있는 '메소밀'이란 농약이었다. 당시 현장에 있던 할머니 중 한 분만이 멀쩡했고 구조 과정에서도 태연함으로 일관해 의심을 샀다. 수사관은 당연히 이 할머니를 조사할 수밖에 없었고, 조사 과정에서 유력한 혐의를 발견했다. 사건 당일 아직 피해자의 사망 원인이 밝혀지지 않았는데도 할머니가 "사이다를 나눠 먹고 그렇게 되었다"라고 진술했기 때문이다. 할머니는 어떻게 사망 원인을 정확히 알 수 있었을까? 할머니가 피의자로 지목되자 SNS 등에서는 '할머니가 무슨 이유로 그런 범행을 저지르겠는가'라며 시끌시끌했다. 피의사실을 입증하기 위해서는 신뢰할 수 있는 많은 간접증거들이 필요했으므로, 다양한 법과학 분석법이 동원되었다.

우선 분석화학과 DNA 분석이 중요한 역할을 했다. 피의자가 사이다를 언급한 덕분에 수사관들이 현장에서 사이다 병을 제일 먼저 수거하면서 수사는 훨씬 수월해졌다. 피의자의 이 진술이 없었다면 현장에 있던 모든 것들이 초기 분석 대상이 되었을 것이다. 수사 결과 할머니들의 사인은 농약 중독으로 밝혀졌고, 피해자들의 혈액과 사이다 병을 분석한 결과 둘 모두에서 메소밀 살충제가 검출되었다. 게다가 피의자의 집 뒷마당에서 농약이 든 박카스 병이 발견되었는데 여기서도 같은 농약이 검출되었다. 그뿐만이 아니었다. 피의자가 입고 있던 옷과 타고 다니던 전동휠체어 손잡이에서도 농약이 검출되었다. 피의자는 누군가 자신에게 뒤집어씌우려고 병을 갖다 버린 것이고, 옷과 휠체어에서 농약이 나온 것은 거품을 물고 쓰러지는 피해자들의 입을 수건으로 닦아주다가 묻은 것이라고 항변했다.

이런 주장을 어떻게 하나하나 반박하고 범행을 입증할 수 있었을까? 피의자의 집에서는 농약이 든 박카스 병 외에 빈 농약통도 발견되었는데 이 농약은 사건 발생 4년 전에 등록이 취소되어 이미 당시에는 그리 흔한 농약이 아니었다는 사실, 피의자의 집에서 발견된 박카스 병과 농약이 든 박카스 병의 일련번호가 같다는 사실이 속속 밝혀졌다. 누군가 병을 일부러 갖다 버렸다는 말은 당연히 설득력이 없었다. 그럼 할머니들의 입을 닦아주다 옷과 휠체어에 농약이 묻게 되었다는 주장은? 피해자들이 흘린 분비물을 채취해 보관하다 이후에 화학 분석을 했는데 여기서는 농약이 검출되지 않았다. 분비물 때문에 옷과 휠체어에 농약이 묻은 것이 아니라는 말이다. 이에 대해 피의자의 변호인은 "분비물에 대한 분석이 이루어진 시기가 사건 후 상당 시일이 지난 시점이어서 농약 성분이 파괴되어 검출되지 않았을 수 있다"라고 주장했다. 증거는 합리적 의심의 여지가 없어야 하므로 이를 반박할 또 다른 증거가 필요했다. 여기에 대한 답은 피해자들의 입을 닦아주었다는 수건에서 찾았다. 이 증거물은 현장에서 수거 후 바로 분석한 것인데 DNA 분석에서는 피해자의 DNA가 발견되었지만 메소밀은 검출되지 않았다. 수건에 분비물이 묻어 있는 건 맞지만 메소밀은 포함되지 않았다는 의미가 된다.

블랙박스 영상 분석도 한몫했다. 사건 당시 안타깝게도 한 명을 구조한 후 한 시간 가까이 지나서야 2차 구조가 이루어지는 바람에 최종적으로 두 분이 사망했다. 구급대원들이 마을회관 밖으로 기어 나온 할머니를 구조하느라 안에 사람이 더 있다는 사실을 몰랐던 것이다. 이때 피의자인 할머니는 구급대원에게 이 사실을 당연히 알려야 했음에도 그렇게 하지 않았다. 오히려 구급차가 오자 마을회관 안으로 들어가서 문을 닫아버렸다. 이 장면이 구급차의 블랙박스에 찍혔던 것이다.

이런 증거에도 불구하고 변호인은 할머니가 고령이라 계획적인 범행을 저지를 수 없다고 계속 주장했다. 이를 반박하기 위해 이번에는 심리 분석이 동원되었다. 행동 분석에서 '농약 성분 검출'이란 말이 나오면 할머니의 다리가 움직이고 헛웃음을 짓는 등 이상행동의 징후가 있음을 포착했고, 심리생리검사에서도 허위성이 강하다는 의견이 도출되었다. 이 외에 임상심리 분석을 실시해 할머니의 인지기능이 양호해 범행을 계획하고 실행할 수 있다는 의견을 보강 증거로 제출했다. 결국 이듬해 대법원은 피의자에게 무기징역을 확정했다.

어떤가. 여러 법과학 증거들이 모이면 큰 힘을 발휘한다는 것을 알 수 있다. 이 대목에서 내가 말하고 싶은 핵심은 이것이다. 법과학 증거는 오로지 사실을 밝히는 수단일 뿐이고 이를 사건의 진실 입증과 적절히 연관시키는 것은 판사, 검사, 변호인 등 법조인의 몫이라는 점이다. 이 사건에 대한 검사의 판단과 대응이 매우 치밀했음을 엿볼 수 있다.

마약과의 전쟁

분석화학과 DNA 분석의 협업

마피아가 저지르는 온갖 불법행위 중에서도 가장 먼저 떠오르는 단어는 바로 마약일 것이다. 그만큼 확실한 돈벌이가 되기 때문이다. 동방의 강대국이던 중국 청나라를 종이호랑이로 만들어버린 아편전쟁도 청나라가 영국 식민지 인도로부터의 아편 수입을 금지하면서 시작되었다는 것은 잘 알려진 사실이다. 그렇지 않아도 국력이 쇠약해가던 청나라에는 아편 중독이 심각한 사회적 문제가 되어 있었다. 예부터 사람들은 큰 부상을 당하거나 고통을 참기 힘든 질병에 걸렸을 때 자연에서 진통제를 찾았는데, 대표적인 식물이 양귀비였다. 짓이긴 양귀비 즙을 먹으면 그렇게 참을 수 없던 고통이 신기하게도 거짓말같이 사라진다고 한다. 바로 양귀비에 들어 있는 아편 성분 때문인데 아편에는 모르핀을 비롯한 여러 화학물질들이 들어 있다. 이 강력한 진통 효과 때문에 옛날 사람들에게 유용했던 아편이 지금은 마약으로 분류되어 법적으로 강력한 단속 대상이 되었다. 마약성 양귀비는 관상용으로 재배하기만 해도 엄격한 처벌을 받는다.

아편이 문제가 되는 이유는 강력한 중독성 때문이다. 한 번 경험하면 끊을 수 없고 점점 의존하게 된다. 사실 아편의 주성분인 모르핀은 중환자에게 처방하는 강력한 진통제 중 하나이지만 중독성 때문에 남용하면 큰 사회적 문제가 되므로 법률로 규제할 수밖에 없다. 모르핀은 우리 몸에서 스트레스에 대항해 분비되는 신경전달물질인 엔도르핀과 유사한 물질이다. 엔도르핀이란 용어 자체가 내인성 모르핀Endo-Morphin이란 뜻이다. 아편에 중독되면 몸에서 엔도르핀이 생성되지 않으므로 외부에서 계속 주입해야만 한다.

우리나라에서는 마약법, 대마관리법, 향정신성의약품관리법 등으로 나누어져 있던 것을 2000년부터 '마약류 관리에 관한 법률'로 제정해 시행하고 있다. 그런데 왜 '마약'이 아니고 '마약류'일까? 그것은 마약의 종류가 워낙 많고 시대에 따라 계속 변하기 때문이다. 현행 법률에서 '마약'은 식물인 양귀비와 코카나무 잎, 그리고 여기서 추출하거나 가공을 거친 성분들에만 적용된다. 이와는 달리 '향정신성 의약품'이란 것이 있는데 용어에서 알 수 있듯이 중추신경계에 작용해 진통이나 진정 효과를 주는 의약품을 말한다. 이 외에 '대마'라는

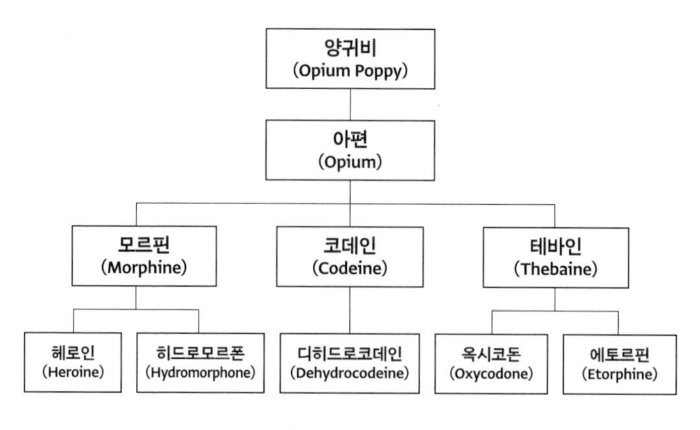

마약류 종류(아편계 마약)

식물과 그 추출물 및 가공물은 별도로 분류되는데 이 부분은 전문가의 영역이므로 마약류의 종류가 매우 많다는 것만 알고 넘어가자.

아편이나 코카인처럼 자연에서 구하는 마약도 있지만, 마약류의 가장 큰 특징은 화학구조가 그리 복잡하지 않아 실험실에서 쉽게 만들 수 있다는 것이다. 제약회사들이 진통이나 진정 효과를 지닌 약물을 계속 개발하고 있는데, 이런 물질들을 약간만 변형해도 조금씩 다른 효과를 내는 약물을 만들 수 있고 제조하는 데 전문시설이 필요하지도 않다. 예를 들자면 감기약 원료물질로 쓰이는 염산에페드린이라는 약물로 필로폰(흔히 말하는 '히로뽕'으로, 우리나라에서 남용 빈도가 가장 높다)을 제조하다 적발된 사건도 있었다.

이렇게 마약류가 매우 많다는 것은 수사기관이나 법조계

의 입장에서는 골치 아픈 일이 아닐 수 없다. 우리나라는 법률에 정한 것이 아니면 죄가 될 수 없으며 따라서 형벌도 없다는 원칙인 '죄형법정주의'를 채택하고 있기 때문에 마약을 복용한 자를 처벌하려면 그 약물의 명칭이 법률상에 있어야 한다. 그런데 빠르게 늘어나는 신종 마약을 관련 법에 신속히 추가하는 것은 쉽지 않다.

예를 들어 마약 분석을 통해 환각성이 있는 새로운 물질이 검출되었는데 그 약물이 현행 법률에 규정된 것이 아니라면 피의자를 재판에 넘겨도 유죄를 받을 수 있을까 하는 문제가 생긴다. 그래서 국회의 동의를 얻어야 하는 법률보다는 국무회의만 통과하면 개정이 가능한 시행령에 신종 마약들을 추가해 대처하고 있다. 그러므로 마약과의 전쟁에서 제일 중요한 점은 빠르게 늘어나는 신종 마약들을 규제 약물로 법에 규정하고 단속과 처벌을 위해 해당 마약의 성분을 밝혀내는 분석법을 재빠르게 개발하는 일이다. 요리조리 빠져나가는 물고기를 놓치지 않으려면 수시로 그물을 고쳐야 한다.

마약은 진통 효과 외에도 다른 여러 가지 효과를 내는데 종류에 따라 그 양상도 제각각이다. 어떤 약물은 평소에는 불가능한 어마어마한 근력과 지구력을 마치 헐크처럼 발휘하게 하는 각성 효과를 지닌다. 또 어떤 약물은 '너무 편해', '어쩌라고', '될 대로 돼라'는 식의 감정을 유발하는 진정 효과를 가지고 있고, 구름 위를 둥둥 떠다니는 느낌이나 강한 쾌감을 일으키는 환각 효과를 가진 것도 있다. 이 때문에 범죄자들은 범죄 목적에 따라 여러 약물을 섞어서 사용하기도 한다. 병원에서 수면내시경을 받아본 사람이라면 깨어났을 때 무척 상쾌하다는 느낌을 받은 적이 있을 것이다. 아주 적은 양의 프로포폴이나 졸피뎀 같은 약물로도 그리 개운할 수 있다니 그저 신기할 따름이다.

청소년에게 문제가 되었던 본드나 부탄가스 외에도 근래 들어 펜타닐(모르핀과 유사한 구조를 가진 강력한 마약성 진통제) 같은 약을 병원에서 처방받아 남용한다는 뉴스를 보면 마약과의 전쟁이 정말 쉽지 않다는 것을 새삼 느끼게 된다. 우리나라는 더 이상 마약 청정국이 아닐뿐더러 마약이 큰 사회적 문제로 대두될 가능성이 커지고 있다. 잊을 만하면 유명인사나 연예인의 마약 사건이 터지곤 한다. 어느새 마약이 우리 일상에 들어와 있는 것은 아닌지 두렵고 우려된다.

마약 분석은 어떻게 이루어질까? 어느 수사기관에나 마약 전담부서가 있을 만큼 마약 관련 범죄는 전체 범죄에서 큰 비중을 차지하고 있으며, 이에 따라 수사에도 상당한 전문성이 요구되고 있다. 제조, 유통(밀수 포함), 판매 그리고 단순한 복용자까지 대상 범죄자군도 실로 다양하다. 마약 수사는 항상 증거물 획득을 전제로 하는데, 양성이라는 분석 결과를 얻는 것이 매우 중요하다. 실제로 강력한 심증과 정황이 있으나 마약 분석 결과가 음성이어서 기소하지 못하는 경우를 가끔 언론에서 접하기도 한다. 이에 대한 법과학 증거 분석은 이화학 분석에서 맡게 된다.

증거의 대상이 되는 것은 주로 소변이다. 마약을 복용하면 혈액을 돌며 대사 과정을 거쳐 1~3일 이내, 아무리 길어도 일주일 이내에 소변으로 배출된다. 그래서 마약 복용자를 범행 현장에서 혹은 복용 후 짧은 시간 내에 검거하게 되면 우선 소변을 채취해서 수사관이 지닌 신속 검사 키트로 검사를 한다. 이 분석법은 코로나 신속 항원 검사처럼 항원-항체 반응을 이용한 것으로, 편리하고 빠르지만 신속 항원 검사가 PCR 검사보다는 덜 정확한 것처럼 정확도는 다소 떨어진다.

검사의 오류*는 두 가지로 구분할 수 있다. '틀린 걸 맞다'고 하는 위양성false positive(음성인데 양성으로 잘못 나온 경우)과 '맞는 걸 틀리다'고 하는 위음성false negative(양성인데 음성으로 잘못 나온 경우)이다. 마약 신속 검사에서는 위양성이 많이 나타난다. 휴대가 가능하고 검사가 빠르며 정확성보다는 범인을 놓치는 경우를 피해야 하는 현장 수사의 목적에 맞게 개발했기 때문에 정확성이 떨어지는 것이다. 이런 이유로 신

* 데이터가 정량적으로 나타나는 검사법에서 민감도sensitivity를 높이면 위음성 오류가 줄어드는 반면 위양성 오류가 늘어나고, 특이도specificity를 높이면 그 반대가 된다. 무죄추정의 원칙이 형사 재판의 기본 원리인 만큼 법과학의 분석법은 위양성 오류를 최소화하는 보수적인 방법으로 개발될 필요가 있다.

속 검사에서 양성이 나왔다고 바로 복용자로 판단하지는 않는다. 더 정확한 판단을 위해 법과학 기관의 이화학 분석실로 채취한 소변을 보내 최종 양성 여부를 판단한다. 신속 검사에서 음성이 나온다면 당장 혐의에서 벗어날 수도 있는데, 그 이유는 신속 검사에서 위음성은 잘 나타나지 않기 때문이다.

소변 시료의 분석을 의뢰받은 법과학 기관에서는 물질의 화학적 구조를 밝히는 분석 기기를 사용해 마약 복용 여부를 가려낸다. 여기에 이용되는 분석 기기의 종류는 다양하지만 최종적인 결과는 대부분 '질량분석기'에서 얻는다. 사람에게 체중이 있는 것처럼 모든 물질은 화학구조에 따라 고유한 질량(무게)을 가지고 있다. 하지만 우연히 총 질량이 비슷하거나 같을 수도 있으므로 총 질량을 비교하는 것만으로는 충분하지 않을 수도 있다. 질량분석기에서는 물질에 전자를 분사해 충돌시키는데 이때 물질을 이루는 화학결합 중 특정 부분이 끊어지면서 각기 다른 질량을 가진 몇 개의 이온으로 나누어진다. 이렇게 이온화하는 데는 전자를 충돌시키는 방법 외에도 레이저를 사용하는 방법 등 여러 가지가 있으며, 이에 따른 질량분석기의 종류도 다양하다. 질량분석기는 이렇게 분해된 이온이 전기장을 띤 모세관을 날아가게 만들어서 결승점(검출기)에 도달하는 데 걸린 시간을 측정한다. 가벼운 건 빠르게, 무거운 건 느리게 도달하는 현상과 각 이온의 고유 성질에 따른 이동 시간을 컴퓨터가 시각적인 데이터로 바꾸어주면 각 물질의 고유한 '질량 스펙트럼'을 얻을 수 있다. 쉽게 설명하기 위해 단순화했지만 이것이 질량분석기의 원리이며, 이 결과를 토대로 약물의 종류와 검출 여부를 판단한다.

약물은 1~3일 이내에 소변으로 배출된다고 했는데, 그럼 오래전에 복용한 마약은 어떻게 분석할까. 이 경우에는 소변이 아닌 다른 시료가 필요하다. 마약이 분해되면 대사물질로 바뀌면서 모발이나 손발톱 등에 축적되는데, 비교적 채취하기 쉬운 모발이 분석에 많이 이용된다. 특히 머리카락은 개인차가 있지만 한 달에 대략 1센티미터씩 자라기 때문에 분석하면 마약을 복용한 시기도 대략 알 수 있어서 사건 추리에 많은 도움이 된다. 머리카락 끝부분에서 검출된 마약이 가장 오래된 것이고 모낭 근처 부분에서 검출된 마약이 가장 근래의 것이 된다. 그런데 다리털이나 음모가 마약 분석을 하는 데 더 유용한 경우도 있다. 머리카락이 10센티미터가 안 된다면 이론적으로 10개월 전에 복용한 마약은 나타나지 않는다. 하지만 음모 등의 체모는 어느 정도 자라면 더 이상 자라지 않으므로 이를 분석하면 상대적으로 더 오래 전에 복용한 사실도 밝혀낼 가능성이 높다.

이런 사실이 알려지면서 피의자가 경찰에 출석하기 전에 머리카락이나 혹은 체모까지 밀고 오는 경우도 있다. 또한 분석하는 데 적어도 수십 올의 모발이 필요하다는 사실은 피의자뿐만 아니라 채취하는 수사관의 입장에서도 곤혹스러운 일이 아닐 수 없다. 빠져나가려는 범죄자도, 잡으려는 수사기관도 끝날 기약이 없는 전쟁을 펼치고 있다.

그런데 요즘에는 마약 복용 피의자 중에 증거로 채취한 소변을 두고 "내 것이 아니다"라든가 "그 물건이 내 것이란 증거가 있느냐"라며 이의를 제기하는 경우도 있다. 이런 문제는 어떻게 해결할지 이어서 살펴보자.

중국에서 '마약왕'이라 불리던 사람이 있었다. 세계 도처에 넓은 판매망을 갖고 있는 이 사람은 우리나라에도 필로폰을 반입해왔는데 대량으로 들어온 뽕은 국내 조직을 통해 소비자에게 전달되었다. 직접 전달하는 것은 위험해서 특정 일시에 특정 장소에서 찾아가도록 하는 소위 '던지기' 수법이 보통 자주 이용된다.

이런 사건에서 피의자를 검거할 때 현장 체포가 아니라면 골치 아픈 문제가 종종 생기곤 한다. 실제로 있었던 일이다. 던지기 수법 첩보를 제보받은 경찰이 약속 장소인 공중전화 부스 근처에서 배달책인 피의자를 검거하고 부스 밑에 숨겨져 있던 비닐봉지를 압수했다. 그런데 문제는 그다음이었다. 피의자가 다른 이유를 대며 자신은 필로폰과 무관하다고 주장했던 것이다.

여기서 반짝 떠오르는 것이 없는가? 그렇다. 우리나라는 전 세계에서 CCTV 보급률이 가장 높은 나라 중 하나다. CCTV 덕분에 세계에서 제일 치안이 안전한 나라 중의 하나로도 꼽히고 있다. 이 사건에서도 당연히 CCTV를 분석했는데 안타깝게도 화질이 좋지 않았다. 법과학을 이용한 화질 개선 작업을 통해 약속 시각에 부스에 들어간 사람이 피의자와 비슷하다는 결과를 얻었지만 확실한 증거로는 역부족이었다. 원본의 해상도가 심하게 떨어지면 아무리 화질을 개선해봐야 한계가 있다는 소위 '원판 불변의 법칙'이 적용되기 때문이다.

피의자가 필로폰을 취급했다는 확실한 증거가 필요했던 수사관은 비닐봉지의 내용물에 대해서는 화학 분석을, 비닐봉지에 대해서는 DNA 분석을 동시에 의뢰했다. 내용물은 분석화학 작업을 통해 당연히 필로폰으로 밝혀졌지만 비닐봉지에서 DNA 프로필은 검출되지 않았다. DNA 분석이 널리 알려지면서 나중에 증거가 될 수 있는 물건은 장갑을 끼고 만지는 것이 범죄자에게도 상식이 되어버렸기 때문이다. 결국 애는 썼지만 필로폰과 피의자의 연관을 입증하는 증거는 여전히 부족한 상태였다.

이때 사건 담당 검사는 대량으로 반입된 필로폰을 나눠 담는 과정에서 피의자가 필로폰을 직접 만졌을 수 있다고 추정하고 필로폰 자체에 대해서도 DNA 분석을 해줄 것을 의뢰했다. 화학물질 표면에 묻은 DNA 검출이라니, 한 번도 시도해본 적이 없는 일이었다. DNA를 효과적으로 분리하는 방법을 고민하고 시도한 끝에 성공적인 결과를 얻을 수 있었다. 검사의 추정대로 필로폰에서 피의자 DNA 프로필이 검출되자 수사는 급물살을 탔다. 그렇게 '마약왕'과 연관된 국내 조직을 일망타진하는 데 성공했다.

마약 복용자들은 늘 빠져나갈 구멍을 찾게 마련이다. 소변에서 마약이 검출되면 "그게 내 소변이란 증거가 있느냐, 바꿔치기한 것 아니냐", 필로폰을 맞은 주사기를 증거로 제시하면 "내가 맞은 것이 아니다"라며 발뺌을 한다. 이럴 때 피의자들을 할 말 없게 만드는 것이 바로 DNA 분석이다. 주사기에 묻은, 눈에도 잘 안 보이는 혈흔에서 DNA를 검출할 수 있다. 주사기를 찌를 때 눈에 보이지도 않는 극미량의 혈액이 주사기로 역류하는데 바로 이 부분에서 DNA를 성공적으로 분리할 수 있는 것이다. 소변 시료의 경우 그 자체는 세포가 아니지만 소변 속에 미량으로 떨어져나온 주변 세포에서 DNA 분석이 가능하다. 모두 DNA를 증폭해내는 PCR 기술 덕분이다(92쪽 참고).

분석화학과 DNA 분석의 협업은 마약범죄 사건을 해결하는 환상적인 조합이다. 그런데 아쉽게도 이 조합이 갖추어지지 않아 증거로서의 자격인 증거능력을 인정받지 못한 사례를 한번 살펴보자.

2016년에 일어난 사건이다. 마약을 복용한 피의자의 소변과 모발에서 모두 필로폰이 검출되었다. 그런데 피의자는 소변과 모발이 자기가 보는 앞에서 밀봉된 것이 아니므로 증거가 조작되었다는 황당한 주장을 하기 시작했다. 1심과 항소심 재판에서는 그의 주장이 받아들여지지 않았지만, 대법원은 원심을 파기하고 하급법원으로 돌려보냈다. 증거로 인정받기 위해서는 증거물의 수집 단계부터 분석 결과를 얻기까지 연결고리가 끊어지지 않은 상태로 일관되게 유지되어야 한다. 이를 '증거관리의 연속성chain of custody'이라고 하는데, 법정에서 증거능력을 평가하는 데 가장 중요한 요소 중 하나다. 이 사건에서 대법원은 피의자가 보는 앞에서 밀봉하지 않아 증거의 연결고리가 끊어졌다고 판단한 것이다. 소변과 모발이 피의자의 것임을 확인할 수 있는 DNA 분석 결과가 있었으면 이런 아쉬운 일은 없었을 것이다.

대법원의 판결을 뒤집자면 하급법원의 파기환송심에서 새로운 증거를 제시해야 한다. 다행히 마약 분석에 쓰였던 모발이 남아 있어 DNA 분석을 실시해보니 피의자의 것으로 밝혀져 법원에 증거로 제출했다. 하지만 법정은 이 결과 역시 인정하지 않았다. 동시가 아니고 추후에 뒤늦게 이루어진 분석은 역시나 끊어진 연결고리를 이어주지 못한다고 판단했던 것일까. 우리나라 사법제도는 '위법수집 증거 배제의 법칙'을 채택하고 있어 증거에 대한 법률의 적용이 매우 엄격하다. 이런 이유로도 마약과의 전쟁에서 분석화학과 DNA 분석의 협업은 필수적인 일이 되어버렸다.

이 대목에서 모두가 기억할 만한 살인사건을 하나 짚고 넘어가자. 2019년에 한 30대 여성이 이혼한 전남편을 살해한 사건이 있었다. 아들에 대한 접견권을 요구하는 전남편을 속여 펜션으로 유인 후 살해하고 사체를 토막 내어 바다에 유기한 엽기적인 행각에 많은 사람이 경악을 금치 못한 사건이다. 이 여성은 범행을 순순히 자백하면서 우발적 살해였다고 주장했다. '살인'이 아닌 '상해치사' 정도로 형을 줄이려는 의도였다. 따라서 이 사건의 실체적 진실을 입증하는 데 가장 중요한 점은 살해 사실 자체가 아니라 명백한 의도를 가진 계획적 살인임을 밝히는 것이었다.

여기서 나는 과학적으로 반드시 밝혀야 할 난제가 하나 떠올랐다. 결코 체구가 작지 않은 전남편을 여성이 어떻게 제압하고 현장에 무수한 혈흔이 튈 정도로 수십 회나 칼로 찌를 수 있었을까. 수사 결과, 당시 피의자는 졸피뎀이라는 수면 유도 약물을 사전에 전남편에게 먹였을 것으로 추정되었는데, 관건은 이 사실을 입증하는 명백한 물증을 찾는 것이었다. 더구나 피의자는 자신도 수면을 위해 졸피뎀을 복용했기 때문에 증거물에서 졸피뎀이 검출되는 것은 당연하고 범행과 아무런 관련이 없다고 항변했다. 사건 현장과 증거물들에서 피해자의 혈흔이 검출되고 졸피뎀도 검출되었지만, 이것만으로는 범인의 주장을 뒤집기 어려웠다. 피해자의 혈흔과 졸피뎀의 연관성이 입증되지 않기 때문이다. 피해자의 것이라고 입증된 혈흔에서 졸피뎀이 검출되어야만 하는 상황이었으니 DNA 분석과 약물 분석을 하는 두 실험실 간의 협업은 필수적이었다.

이 사건에서는 범인이 토막 사체를 운반할 때 사용한 차

트렁크에 실려 있던 담요를 절묘한 협업을 통해 분석해 스모킹건을 만들어내었다. 먼저 담요 곳곳에 묻은 혈흔의 DNA를 분석해야 했다. 누구의 혈흔인지 밝히는 일이 우선이기 때문이다. 증거물이 절취 가능하고 묻은 흔적의 양도 작다면, DNA 분석의 성공 가능성을 높이기 위해 증거물을 절취해 DNA를 분리하는 것이 일반적이지만 이 사건에서는 그렇게 할 수가 없었다. 증거가 소모되면 더 이상의 약물 분석이 불가능해지기 때문이다.

멸균된 증류수를 적신 면봉으로 혈흔의 일부만 조심스럽게 닦아내는 방법으로 증거를 채취하고 고유번호를 붙인 다음 담요를 이화학 분석실로 넘겼다. 피의자의 혈흔, 피해자와 피의자의 DNA가 섞인 혈흔을 제외하고 피해자의 것으로 밝혀진 10여 개의 혈흔에 대해 약물 분석이 이루어졌는데, 그중 두 개에서 졸피뎀이 검출되었다. 얼마나 다행인가! 나머지 혈흔들에서는 졸피뎀 양성으로 판단할 만한 수치가 나오지 않았다. 두 개의 혈흔도 DNA 분석을 위해 좀 더 많이 닦아냈다면 졸피뎀은 음성으로 나타났을지 모른다. 결과론적인 말이지만 절묘했다고 할 수밖에 없는 이런 것들이 베테랑 법과학자의 노하우가 아닐까. 이 결과가 피의자가 전남편에게 몰래 약물을 먹여 항거불능 상태로 만들고 수십 회 칼로 찌른 계획적 살인이었음을 밝히는 결정적 증거로 받아들여졌음은 물론이다.

여담이지만 DNA 분석에서 노련한 감정관이 빛을 발하는

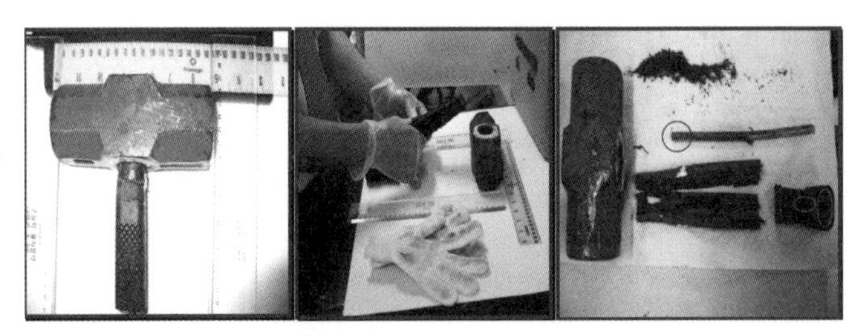

유영철 연쇄살인사건의 범행 도구 해머

순간이 DNA 시료를 채취할 때다. DNA 시료를 채취하는 방법은 두 가지다. 해당 부위를 절취해 소모하는 파괴적 방법과 부위를 닦아내는 방식인 비파괴적 방법이다. 파괴적 방법을 사용하면 분석 결과를 얻을 가능성은 높아지지만 증거의 원형이 사라진다는 한계를 감수해야 한다. 또한 무턱대고 절취하다 보면 DNA 분석에 방해가 되는 물질도 들어가 분석에 실패할 수 있다. 반면에 비파괴적 방법을 사용하면 미세한 증거의 경우에는 자칫 원하는 결과를 얻지 못할 위험이 있다. 증거의 상태와 분석의 목적에 따라 두 가지 방법 중 하나를 적절히 선택하는 것이 중요하다.

'유영철 연쇄살인사건' 때도 범행을 입증할 결정적 증거가 절실한 상황에서 나는 범행 도구인 해머를 과감히 분해하기로 결정했다. 범인이 깨끗이 세척한 해머를 살펴보니 피해자의 혈흔이 안으로 스며들었을 거라는 촉이 왔기 때문이다. 실제로 분해된 해머 안에서 피해자의 혈흔을 찾아내는 데 성공했다. 비단 DNA 분석만이 아니다. 똑같은 기술을 사용해도 다른 결과를 얻을 때야말로 과학수사에서 진정한 베테랑 전문가의 가치가 빛을 발하는 순간일 것이다.

FBI의 흑역사

지문 분석

'수사'라고 하면 미국 FBI를 떠올리는 사람이 많다. 정식 명칭은 연방수사국Federal Bureau of Investigation이다. 할리우드 액션영화에 빠짐없이 등장하는 FBI는 범죄자들이 가장 두려워하는 수사기관으로 알려져 있다. 규모도 대단할 뿐 아니라 권한도 막강해서 무소불위의 힘을 행사하는 것처럼 보인다.

나는 공동연구 목적으로 FBI에서 잠시 지낸 적이 있는데, 그들의 자부심은 이만저만한 것이 아니었다. FBI의 법과학 부서 역시 세계 최고 수준의 각 분야 전문가들로 구성되어 있었다. 그런데 이런 자타공인의 최고 수사기관이 커다란 실수를 범할 수 있다는 사실이 믿어지는가?

2004년 3월 11일, 스페인의 수도 마드리드에서 동시다발적인 열차 폭탄테러가 일어났다. 빈 라덴이 창시한 극단적인 이슬람 테러 단체인 알카에다의 소행으로 밝혀진 이 사건으로 193명이 목숨을 잃고 2000명이 넘는 부상자가 발생했다. 그런데 이 사건을 수사하는 과정에서 법과학의 오류로 인해 한 미국 시민이 억울하게 범인으로 몰렸다. FBI의 흑역사라고 기록될 만한 사건인데, 그 전말은 이렇다.

당시 테러가 일어나자마자 이슬람 테러 단체의 소행일 가능성을 점치는 보도가 줄을 이었다. 참혹한 폭발 현장에서는 기폭장치가 들어 있는 배낭이 발견되었고, 잠재지문latent fingerprint도 검출되었다. 눈에 보이지는 않지만 적절한 처리를 하면 현출되는 지문을 잠재지문이라고 하는데, 많은 범행현장에서 과학수사대가 찾고자 하는 중요 증거 중 하나다. 2001년 9·11 테러 이후 테러 세력을 색출하는 데 혈안이 되어 있던 미국 정부는 검출된 지문을 자국에도 보내줄 것을 요청했고, 이에 따라 스페인 경찰은 확보된 지문을 FBI에 보냈다.

그리고 그해 5월 오리건주에서 변호사로 활동하는 브랜던 메이필드라는 미국 시민이 용의자로 체포되었다. FBI는 잠재지문이 메이필드의 지문과 100퍼센트 일치한다고 판정했다. 아마도 사람들은 '역시 FBI가 해내는구나' 하고 생각했을 것이다. 그에 대한 수사가 일사천리로 진행되는 도중에 예상치 못한 일이 벌어졌다. 당시 스페인 경찰도 잠재지

마드리드 열차 폭탄 테러

문과 일치하는 용의자를 찾기 위해 수사를 벌이고 있었는데 그 지문은 스페인에서 검거된 알제리 출신의 우나네 다우드라는 사람의 것이라는 결과를 보내온 것이다. 지문은 만인부동萬人不同이라던데 어떻게 이런 일이 일어날 수 있을까? 한 증거에 두 사람이 일치했으니 둘 중 하나는 틀린 것이 확실했다. 결론적으로 FBI가 틀리고 스페인 경찰이 맞는 것으로 입증되어, 갖은 고초를 겪은 메이필드는 누명을 벗고 석방되었다.

당시 FBI는 초기부터 이 사건이 이슬람 세력과 연관된 테러일 것이라고 생각했다. 스페인이 보내온 지문을 미국이 보유한 지문 데이터베이스와 일일이 대조해 지문이 비슷한 스무 명을 찾아냈다. 미국은 전 시민을 대상으로 지문 등록을 하지는 않지만 범죄 수사나 기타의 사유로 채취한 지문을 보관하고 있었다. 스무 명의 인적 사항을 조사하는 과정에서 메이필드라는 사람이 알카에다 조직과 연결된 이른바 포틀랜드 7인Portland Seven 중 한 사람을 변호한 이력이 있다는 것을 알아내고는 그를 긴급체포했던 것이다. 그러고는 지문이 메이필드와 100퍼센트 일치한다고 서둘러 발표했다.

스페인 경찰이 다른 용의자를 지목한 후에도 FBI는 이를 인정하지 않고 메이필드의 지문을 스페인 정부에 보내 자신들의 결과가 옳다고 주장하면서 그의 집을 수색하는 등 한동안 수사를 계속했다. 자부심을 넘어 자만심이 하늘로 치솟았다고 할까. 나중에 자신들의 실수로 밝혀졌을 때 그들이 얼마나 당혹스러워했을지 눈에 선하다.

FBI는 결정적으로 두 가지 실수를 저질렀다. 우선 메이필드에 관한 정보를 접하고는 심증을 굳힌 채 후속 확인 분석을 철저하게 실시하지 않았다. 둘째, 분석 결과를 객관적으로 검증할 의무가 있는 선임자도 절차에 이의를 제기하지 않고 수사팀에 결과를 통보하는 실수를 저질렀다. 물론 FBI가 무고한 사람을 범인으로 몰기 위해 의도적으로 지문 분석 결과를 조작한 것은 아니지만 그럼에도 역사에 남을 만한 FBI 수사의 오점임을 지적하지 않을 수 없다.

여기서 잠깐 지문 분석이 어떤 방식으로 이루어지는지 간략히 살펴보자. 컴퓨터는 두 개의 이미지를 중첩해서 전체

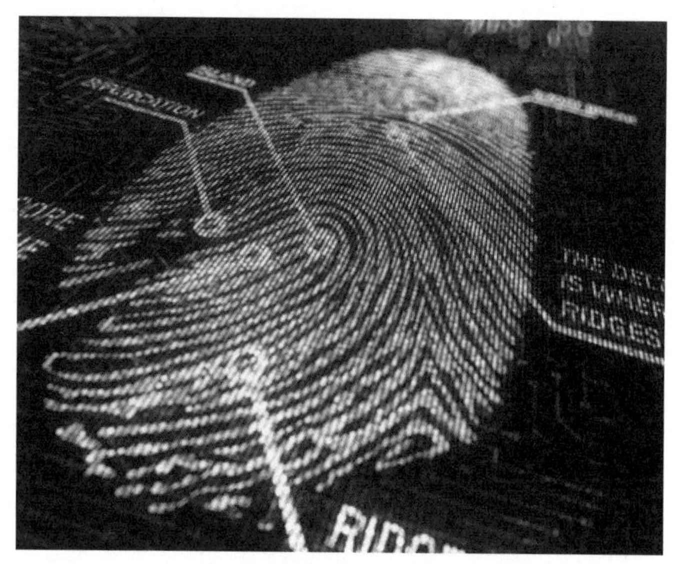

지문 분석(출처: flick CPOA)

지문을 대조할 수 있지만 사람은 그렇게 하는 것이 어렵다. 그래서 육안으로 지문을 비교할 때는 전체가 아닌 일부만 비교한다. DNA처럼 지문도 개인의 고유한 특징점이 있어서 이곳을 집중적으로 비교하는 것이다. 연구 결과에 따르면 열두 개의 특징점을 비교하면 우연의 일치가 없는 충분한 결과를 얻을 수 있다고 한다.

그러면 컴퓨터가 판단하는 유사도는 어떨까. 입체적인 유감스럽게도 유사한 것을 골라내는 데에는 탁월하지만 정확한 일치 여부를 판단하는 데는 아직 한계가 있다. 여기에는 입체적인 손가락에 있는 지문을 평면에 복사했을 때 원본과 차이가 생기는 등 여러 가지 이유가 있다. 더구나 사건 현장의 지문은 다양한 곡면에 묻어 있지 않은가. 손가락 곡면의 지문이 또 다른 곡면에 묻은 잠재지문을 평면에 복사하니 대조 지문과 어느 정도 차이가 날 수밖에 없다.

더구나 잠재지문은 완전체가 아닌 일부만 남은 소위 '쪽지문'인 경우가 많고 때로는 슬쩍 뭉개져 있기 때문에, 이 이미지를 비교하는 것은 컴퓨터라 해도 만만한 일이 아니다. 그래서 지문 데이터베이스를 통해 유사도가 높은 지문들을 1차로 추려내고 최종 확인 분석은 사람이 하는 것이 일반적이다. FBI는 바로 이 부분을 소홀히 했을 가능성이 있다. 지문 전문가가 아닌 나도 아는 내용을 FBI 전문가들이 모르고 있었을 리는 없다. 그런데 어떻게 이런 실수가 가능했을까?

아래 그림의 중앙에 있는 문자를 읽어보라. 무엇으로 보이는가?

왼쪽에서부터 읽으면 'B'이고 위에서부터 읽으면 '13'이

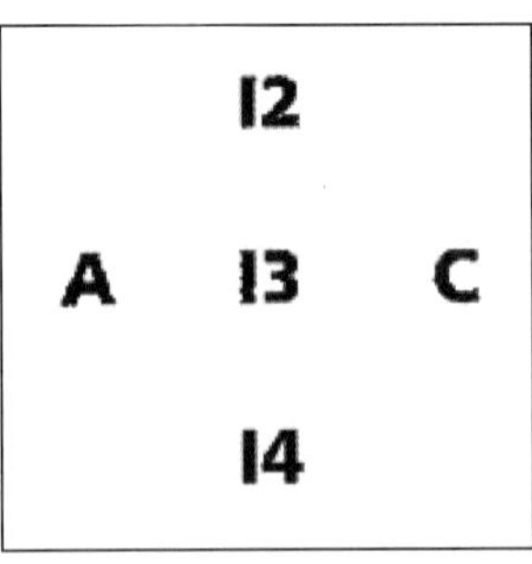

된다. 메이필드의 인적 사항을 들었을 때 그의 지문이 다른 사람의 지문보다 더 유사도가 높아 보였던 것도 이와 같은 맥락이다. 제공되는 관련 정보에 따라 사고가 편향되는 '맥락적 편향contextual bias'이 작용한 것이다. 이렇게 되면 지문에서 다른 점은 더 이상 눈에 들어오지 않는다. 맞는 것 같기도 하고 약간 틀리다고도 볼 수 있는 부분을 분석한 사람도, 확인할 의무가 있는 선임자도 모두 틀림없다고 단정짓는 것이다. 더구나 스페인에서 다른 의견을 내놓았을 때에도 자신들의 분석 결과를 한동안 철회하지 않은 것은 '확증편향confirmation bias' 때문일 수 있다. 확증편향이란 자신이 이미 갖고 있는 신념에 부합하는 정보만 받아들이고 그렇지 않은 정보는 무시하는 것을 말한다.

사실 법과학에서 가장 조심해야 하는 부분이 바로 편향이다. 법과학자이지만 수사기관에 속했던 나는 혹시라도 용의자를 범인으로 특정한 뒤 거기에 부합하는 결과만 찾고 있지는 않은지 늘 조심하고 돌아보곤 했다.

아무튼 늦었지만 다행스럽게도 미국 법무부는 메이필드에게 사과했고 200만 달러를 배상하기에 이르렀다. 이 사건은 전 세계의 법과학계에 큰 충격을 주었다. 법과학의 모든 면에서 앞서가는 미국이, 그것도 감히 그 위상을 넘볼 수 없던 FBI가 그런 황당한 실수를 저지르다니…. "도대체 법과학이 정말 '과학'이긴 한 거냐"는 회의가 쏟아졌다. 백악관이 최고 권위의 과학단체인 미국국립과학학술원National Academy of

Science에 법과학의 신뢰성과 문제점에 대한 다년 연구를 맡기기도 했다.* 결과적으로 이 사건은 미국뿐만 아니라 전 세계의 법과학 전문가들이 자신을 돌아보고, 더 진전할 수 있는 기틀을 마련하는 계기가 되었다.

* 이 연구 결과는 2009년에 〈미국 법과학 강화: 앞으로의 방향 Strengthening Forensic Science in the United States: A path forward〉이라는 제목의 보고서로 출간되었다. 이 보고서는 미국 법과학이 지닌 문제점을 적나라하게 제시하고 있다.

그놈 목소리

음성 분석

세상에는 나쁜 사람이 참 많지만 특히 장애인 등 사회적 약자를 이용해 이익을 취하거나 범죄에 이용하는 사람들의 죄는 더 엄히 다루어야 한다고 생각한다. 2016년 지적 장애인의 명의로 신용카드를 발급받아 차량을 구입한 후 다시 파는 수법으로 거액을 편취한 악당들이 검거되었다. 지적 장애인을 대상으로 한 범죄는 드러나기까지 오랜 시일이 걸릴 뿐만 아니라 증거를 확보하는 데에도 어려움이 많아 자칫 공소시효를 넘길 수 있고, 심증이 가는 피의자를 검거하고도 유죄를 입증하기가 어렵다.

이 사건도 마찬가지다. 지적 장애를 가진 피해자들은 제대로 된 진술을 하기가 어렵고 진술을 해도 법정에서 증거로 인정받기가 쉽지 않다. 이 점을 잘 알고 있는 피의자들은 모두 범행을 부인했다. 피해자 진술보다 물적 증거가 간절히 필요한 상황이었다. 신용카드를 발급받으려면 카드회사와 통화를 해야 한다는 사실에 착안한 수사팀은 피해자의 통신 기록을 뒤졌다. 마침내 범인의 통화 음성을 확보하고 피의자들로부터 대조 음성을 확보해 분석을 의뢰했다. 물론 피의자들은 목소리 제출을 완강히 거부했기에 증거를 확보하기 위해 신체에 대한 압수수색 영장을 발부받는 과정을 거쳐야 했다.

1차 분석 결과는 판단 불능으로 나왔다. 결국 '혐의 없음'으로 풀어주어야 하나 고민하던 차에, 음성 감정관이 더 많은 대조 음성 파일이 있으면 2차로 분석을 시도해볼 수 있다고 제안했다. 통화 내용 중 어느 단어와 문장이 대조 음성에 포함되면 좋겠다는 의견도 함께 주었다. 수사팀은 마지막 수단이라 생각하고 추가로 피의자들의 대조 음성을 확보해서 분석을 의뢰했다. 그리고 피의자 중 하나의 음성이 통화 음성의 목소리와 동일하다는 결과를 얻었다.

수사팀이 이 사실을 피의자들에게 알리며 추궁하자 결국 범행을 자백하기 시작했고, 이들을 재판에 넘길 수 있었다. 참 다행스러운 일이 아닐 수 없다.

이 사건에 쓰인 음성 분석은 손가락의 무늬(지문)가 사람마다 다른 것처럼 목소리의 무늬(성문聲紋)가 사람마다 다르다는 것을 이용한 법과학의 한 분야다. "여보세요"라는 한마디만 들어도 가까운 사람이면 누구인지 대번에 알아낼 수 있다는 사실을 이용하는 것이다. 목소리는 성대의 진동으로 발생한다. 하지만 이것이 소리로 나오려면 관악기처럼 관을 지나며 공명을 일으켜야 하는데, 이렇게 소리가 통과하는 길을 성도聲道라고 한다. 남자는 일반적으로 성도가 길어서 주파수가 낮은 저음이 나고, 여자는 상대적으로 짧아 소리가 높다. 이렇게 음 하나하나의 높고 낮은 정도를 '피치pitch'라고 한다. 또한 성도에는 비강, 구강, 혀 등이 포함되는데 이 부분이 어떻게 생겼는지에 따라 공명이 달라진다. 피치의 분포를 그래프로 그린 성문 스펙트로그램spectrogram은 사람마다 다르므로, 이것을 확인하면 같은 음성인지 아닌지를 구분할 수 있다.

스펙트로그램은 인간의 음성을 수학적인 함수로 연산하여 수치로 그려낸 일종의 음성 그래프로, 시간에 따른 음성의 주파수 대역과 그 에너지 분포를 보여준다. 성문을 비교하기 위해서는 감정 자료(범인의 목소리)와, 피의자에게 감정 자료를 근거로 작성한 녹취록을 읽게 한 비교 자료(용의자의 목소리)가 필요하다. 감정 자료와 비교 자료 음성을 두고 음높이, 발화 속도, 공명 주파수, 억양 등에 대한 음향 분석을 실시하여 동일인 여부를 판단한다. 음의 높낮이를 일부러 조작해 발음해도 피치의 분포 양상은 같기 때문에 분석 기기를 통해 약간의 조정만 하면 동일인의 목소리인지 아닌지를 식별할 수 있다. 이 밖에도 음성 분석이 과학적 증거로 제출되는 경우는 다음과 같다.

우선 음성 파일의 편집 여부를 가릴 수 있다. 디지털 녹음기기가 발달하고 일반인도 오디오 편집 장비 및 프로그램을 많이 사용하면서 녹음된 증거 자료가 편집되었다는 주장을 하곤 한다. 이미 잘 알려진 컴퓨터 오디오 프로그램을 이용해 음성 조작 및 편집을 간단히 할 수 있지 않은가. 하지만 이 경우 정교한 분석 도구로 쉽게 가려낼 수 있다.

예를 들어 우리가 사용하는 유무선 전화의 음성 신호 주파수 대역은 대략 300~3400헤르츠이고, 일반 아날로그 녹음기를 사용했을 경우에는 음성 신호 주파수 대역이 8000헤르츠 정도까지 관측되는데, 나타나는 파형 자체는 비슷하겠지만 분석 장비를 이용하면 주파수 대역의 차이를 통해 편집 여부를 가려낼 수 있다. 또한 두 개의 대화 녹음을 하나로 편집한 경우에는 두 개의 녹음이 서로 다른 장소에서 이루어졌을 가능성이 높으므로, 음성 신호 외에 음향 신호 분석을 통해 편집 여부를 판단한다.

최근에는 디지털 녹음기와 스마트폰의 보급으로 언제 어디서나 녹음이 가능해지면서 비밀녹음이 증가하고 있다. 그러나 이렇게 녹음된 증거 자료에서 음성이 작거나 주변 잡음이 심해 대화 내용을 정확히 확인하기 어려운 경우가 종종 있다. 이 경우 음질 개선 장비를 이용해 음성을 증폭하거나 잡음의 종류와 신호 특징에 따라 적절한 필터를 사용하면 음질을 개선할 수 있다.

그런데 목소리는 유전되는 것일까? 아들이 아빠 목소리와 비슷하거나 자매의 목소리가 비슷한 경우가 있다. 그렇지만 목소리 자체는 몸속의 생체 물질이 만들어내는 게 아니므로 DNA 정보가 목소리 유전을 직접 결정한다고 할 수는 없다. 다만 DNA로 인해 한 가족의 성도 구조는 비슷할 테니 목소리도 비슷해진다고 보는 것이 타당할지도 모른다.

음성 분석은 DNA나 지문처럼 대조할 자료가 있어야 한다. 음성 증거가 있어도 용의자가 없으면 효용성이 떨어진다. 아직까지는 DNA나 지문처럼 데이터베이스가 구축되어 있지도 않다.

〈그놈 목소리〉라는 영화를 기억하는가? 1991년에 실제로 있었던 초등학생 유괴살해사건*을 다룬 영화다. 수많은 부모들이 눈물을 흘리며 아이가 살아 돌아오기만을 염원했지만 약 두 달 후에 싸늘한 시신으로 발견되었다. 더구나 부검 결과 사건 당일 먹은 음식이 위에서 나와 유괴 후 바로 살해된 것으로 드러나 모두가 치를 떨며 분노했던 기억이 아직도 선명하다. 당시에 '그놈'은 부모에게 돈을 요구했고, 경찰을 따돌리고 돈을 가져갈 방법을 찾기 위해 약속을 자주 바꾸는 등 부모와 여러 차례 전화 통화를 했다. 음성 증거가 있음

* 1991년 1월 29일 화요일 18시경 서울에서 한 초등학생이 30대로 추정되는 남성에게 유괴되어 살해당한 사건이다. 2006년 1월 28일 24시에 공소시효가 만료되어 영구미제사건으로 남게 되었다.

에도 비교할 대상이 없으니 참으로 답답한 상황이었다. 당시 주변인 수사에서 아이의 친척 중 하나가 범인의 음성과 유사하다는 결과를 얻었지만 증거로 내세울 만큼 정확한 결과는 아니었던 것 같다. 기술 수준이 지금과는 비교가 안 되던 시절이었기에 끝내 안타까운 사건으로 남고 말았다.

최근에는 데이터과학과 인공지능의 발달로 기계학습을 통해 데이터에서 발견한 특징적인 패턴을 반복적으로 학습시켜 두 데이터 사이의 유사한 정도를 수치화하는 것이 가능해졌다. 음성의 스펙트로그램도 데이터이고 패턴이므로 이제는 두 음성 간의 유사도를 수치로 말할 수 있는 수준까지 기술이 발전했다. 예전에는 일대일로 비교해서 '같다, 다르다'를 판별하는 정도였지만 지금은 많은 데이터 속에서 유사도가 제일 높은 것부터 찾아낼 수 있다는 얘기다.

하지만 음성도 개인정보에 해당하기 때문에 기술적 발전만으로 모든 문제가 해결되는 것은 아니다. 보이스피싱이라든가 유명인의 음성을 모방한 파일을 만들어 범죄에 이용하는 딥페이크 등 신종 범죄수법이 날로 늘어나고 있다. 심지어 일반인도 앱을 사용해 음성을 일정 부분 변형할 수 있다. 다행스러운 것은 이에 대응해 음성 파일의 위조 여부를 판단하는 기술도 발전하고 있다는 사실이다. 더 나아가 음성의 특징을 분석해 연령대, 출신 지역 등을 추정하는 연구도 활발하다. 각 연령대별, 지역별 음성 데이터를 많이 확보하면 충분히 가능한 일이다. 다만 지역별 억양이나 사투리 등은 언어학적 특징을 잘 고려해 접목해야 한다. 오늘날 음성은 텍스트 및 영상과 함께 중요한 디지털 데이터의 하나이므로 법과학에서 차지하는 중요도와 적용 영역은 점점 더 커질 것이다.

검은돈을 만진 자

지문 분석과 DNA 분석의 협업

2015년 늦은 가을의 어느 날, 빈집에서 적지 않은 금액의 자기앞수표를 도난당한 사건이 발생했다. 주인이 며칠 집을 비운 사이 일어난 일이라 단서가 될 만한 것은 전혀 발견되지 않았다. 다만 인근 CCTV에서 의심이 가는 차량을 찾아냈는데 번호판은 알아볼 수 없고 차량의 종류와 색상 정도만 식별할 수 있었다. 경찰이 피해자의 진술을 토대로 수표번호를 알아내고 경로를 추적한 결과 어떤 할머니가 은행에서 현금으로 찾아간 사실을 확인했다. 할머니가 범인이었을까? 80대 후반의 그 할머니는 "누군가 다가와 수표를 바꿔주면 노인연금을 받게 해주겠다고 해서 대신 수표를 바꾸어주었을 뿐"이라고 진술했다. 그리고 은행 주변 CCTV에서 도난 현장 근처에 있던 것과 동일한 종류와 색상의 차량이 발견되었다. 차량 번호만 알면 용의자를 특정할 단서를 확보할 수 있을 텐데 아쉽게도 CCTV 법과학 영상 분석에서도 번호를 알아내지 못했다. '원판 불변의 법칙' 때문에 해상도가 떨어지는 영상은 아무리 화질을 개선해도 한계가 있기 때문이다.

이제 남은 단서는 할머니의 기억, 그리고 차량의 종류와 색상뿐이었다. 용의자가 노인연금이란 말을 언급한 사실과 차량의 종류를 결합해 탐문수사를 벌인 결과, 한 노인복지사가 용의자로 지목되었다. 용의자를 포함해 여러 사람의 사진을 섞어서 보여주자 할머니는 정확하게 그 노인복지사를 지목했다. 여기에 적용된 수사기법인 '라인업'은 목격자에게 용의자를 포함한 여러 명의 인물을 직접 보여주거나 사진을 보여준 후 그중 한 사람을 지목하게 하는 것이다. 한 사람만 보여줄 경우 편향 등으로 인해 기억이 왜곡될 가능성이 있기 때문이다. 결국 할머니 진술에 따라 수사한 지 다섯 달 만에 노인복지사를 피의자로 구속하고 검찰에 송치했다. 단순 절도이지만 수사에 많은 수고가 들어갔다는 것을 알 수 있다.

그런데 문제는 그다음에 일어났다. 피의자가 구속된 후 할머니가 "경찰이 이 중에서 비슷한 사람을 고르라고 했다", "수갑을 차고 있었는데 그 사람처럼 보였다", "그런데 이제 다시 보니 그 사람과 닮지 않았다"라며 말을 바꾼 것이다.

왜 할머니는 말을 바꾸었을까? 기억이 정말로 확실하지 않았을 수도 있고, 자신의 말 한마디 때문에 무고한 사람이 범인으로 몰리지는 않을까 부담을 느꼈을지도 모른다. 어쨌든 그 바람에 가장 유력한, 그러면서도 유일한 증거가 단숨에 날아가버렸다. 증거가 없는데 재판에 넘긴들 무슨 의미가 있으랴. 구속 후 연장 기간을 합쳐도 20일 이내에 기소해야 하기 때문에 일단은 풀어줄 수밖에 없었다. 검찰은 고심했다. 심증은 있는데 물증이 없으니 답답한 노릇이었다. 심리분석을 해볼까 했지만 기억이 분명하지 않은 사실에 대한 심리 분석은 의미가 없었다. 그마저도 할머니의 동의를 받아야 했다.

그때 수사관의 머릿속을 번뜩 스치는 생각이 있었다. 회수한 자기앞수표였다. '수표는 많은 사람이 만지는 것은 아니니 범인의 지문이 남아 있을지도 모른다.' 이런 생각에 속히 지문 감정을 의뢰하게 되었다.

대검찰청 과학수사부는 즉시 잠재지문 현출을 시도했다. 지문이 수표 한쪽에서 발견되었는데 아쉽게도 누군가와 대조하기 어려운 '쪽지문'이었다. 사건 현장이나 장물에서 온전한 지문이 나오면 가장 좋겠지만 아쉽게도 증거에서 발견되는 지문들은 형태는 있지만 누구 것인지 비교하기 어려운 경우가 많다. 이윽고 정해진 절차대로 지문 분석팀이 DNA 분석팀에게 후속 분석을 의뢰했다.

지문 분석과 DNA 분석의 환상적인 협업이 시작되었다. 증거에 지문이 남았다는 것은 증거를 만졌다는 의미이고, 지문이 손가락의 무늬인 이상 미량이나마 손가락에서 떨어진 세포가 그대로 남아 있게 된다. 다만 수표 어느 곳에 DNA가 묻어 있는지는 정확히 알 수 없는데 현출된 잠재지문의 위치가 바로 그곳일 가능성이 상대적으로 높다. 지문이 현출된 부위만 오려 DNA를 분리하고 분석한 결과, 피의자와 정확히 일치하는 DNA가 검출되었다. 결국 피의자인 노인복지사는 다시 구속되었고, 이후 기소와 재판은 일사천리로 진행되었다.

이런 예도 있다. 2015년 초, 어느 작은 도시에서 조합장 선거가 있었는데 아마도 범인은 특정 후보를 조합장으로 당선시켜야 하는 사정이 있었던 모양이다. 그래서 선거에 관련된 사람에게 검은돈을 건네었는데, 돈을 받은 사람은 망설임 없이 곧장 선거법 위반으로 그를 고발하면서 받은 지폐를 증거로 제출했다. 곧 지문 감정이 이루어졌지만 어려움에 봉착했다. 이 사건의 증거는 수표가 아닌 수많은 사람의 손을 거쳐간 5만 원권 지폐였기 때문이다. 여러 사람의 지문이 여기저기 묻어 있으면 지문 분석으로도, 심지어 DNA 분석으로도 그것이 누구 것인지 알아내기가 어렵다.

하지만 이런 경우에도 DNA 분석은 포기하지 않는다. 당신의 휴대폰을 누가 몰래 만졌다고 생각해보자. 여기서 DNA 분석을 하면 누구의 DNA가 나올까? 휴대폰의 주인인 당신? 아니면 가장 최근에 몰래 만진 사람? 바로 가장 최근에 만진 사람의 DNA가 주로 검출된다.

대검찰청 과학수사부에 의뢰된 이 사건에서도 지폐 곳곳

에서 많은 지문이 어지럽게 발견되었지만 범위를 좁혀 여러 곳을 절취해 DNA를 분석한 결과, 돈을 건넨 '그 사람'과 일치하는 DNA를 기적적으로 찾아냈다.

노력한 만큼 보이고 수고한 만큼 확보하는 것이 법과학 증거다. '검은돈을 만질 때는 장갑을 껴야겠네', 이런 생각은 하지 말기 바란다.

불길 속에 감추어진 진실

아동학대 사건

"불이야!" 이것처럼 사람을 놀라게 하는 말이 있을까. 순식간에 모든 것을 앗아가는 화재는 무엇보다 예방이 중요하지만 일단 일어나면 그 원인을 밝히는 것이 중요하다. 자연 발화인지, 실수로 불을 낸 실화失火인지, 아니면 고의적인 방화放火인지를 밝혀야 한다. 특히 실화나 방화는 처벌 대상이고 범죄에 연관되어 있을 가능성이 있어 화재 현장에는 소방기관뿐만 아니라 수사기관의 인력도 투입된다. 화재 원인을 밝히는 화재 감식 인력은 소방기관은 물론 법과학 기관에도 근무하고 있어 상호보완적인 기능을 하고 있다. 화재 사건에서는 다른 법과학 분야와의 협업으로 더 정확한 결과를 얻는 경우가 많기 때문이다.

특히 방화는 사람을 해칠 수 있다는 것을 이미 알고 일부러 불을 지르는 것이어서 매우 중한 범죄로 다루어진다. 사람이 현존하는 건물에 단순히 방화만 해도 최저 형량이 징역 3년이고 사람을 사망에 이르게 한 경우에는 최소 7년 이상의 징역에서 사형까지 가능하다. 순간적으로 욱하는 심정으로 저지르는 방화가 돌이킬 수 없는 결과로 이어지는 것이다.

더 나쁜 것은 범죄 증거를 없애기 위해 불을 지르는 경우다. 만능이라고 알려진 DNA 분석이 불에 탄 증거에서는 힘을 잃는다는 사실이 알려지면서 시신에 불을 지르는 짓을 서슴지 않는 인면수심의 사건이 늘어나고 있다. 오래된 일이지만 1994년에 단지 부유층이라는 이유로 다섯 명의 무고한 목숨을 앗아간 '지존파'라는 조직이 있었다. 천만다행으로 더 이상의 희생자 없이 검거되었지만 이들은 "더 죽이지 못해 분하다"라고 하면서 전혀 뉘우치지 않는 모습을 보여 온 국민의 공분을 샀다. 더 경악할 일은 자신들의 아지트에 아예 소각로를 만들어 시신을 태운 것이었다. 당시 DNA 분석을 했지만 뼛가루에서 고인들의 DNA를 검출하지 못해 피해자 가족에게 너무나 죄송하고 안타까웠던 기억이 아직도 남아 있다.

2002년에 한적한 시골 마을의 어느 집에서 불이 나 네 살 꼬마가 불에 타 숨지는 안타까운 사건이 발생했다. 화재 감식 결과 형광등에 연결된 전선에서 합선의 흔적이 발견되었다. 불길에서 빠져나와 목숨을 건진 부모는 "형광등에서 '지지직' 하는 소리와 함께 불이 붙은 뒤 순식간에 번졌다. 미처 아이를 챙기지 못하고 빠져나와 후회스럽다"라고 일치된 진술을 했다. 당시 이 사건은 전기합선에 의한 화재로 종결되었다.

진실이 드러난 건 그로부터 9년 후였다. 경찰에 제보가 들어왔는데 제보자는 당시에 살아남은 아이 엄마의 지인이었다. 사실 그 사건이 단순 전기합선에 의한 화재가 아니라 아빠가 아이에게 휘발유를 뿌리고 불을 질러 살해한 사건이라는 제보였다. 숨진 아이의 엄마는 새엄마였는데 그 여성은 "내가 건강이 나빠지자 남편이 학대하고 내쫓았다. 너무 억울하고 분하다"라며 지인에게 9년 전 사건의 진실을 폭로했던 것이다. 사건 당시에도 부부가 처음에는 일부 다른 진술을 하다가 나중에 말을 맞추는 등 미심쩍은 점이 있었으나 화재 원인이 자연 발화로 결론이 나면서 수사는 종결될 수밖에 없었다.

경찰은 이제라도 진실을 밝히겠다는 결심으로 숨진 아이의 아빠를 피의자로 조사하고 압박하기 시작했다. 뜻하지 않은 제보에 위기를 느낀 피의자는 그제야 자신이 불을 낸 사실을 인정하면서도 빠져나갈 변명을 하기 시작했다. 부부싸움을 하다 화가 나서 방 안에 휘발유를 뿌리게 되었고, 흥분을 가라앉히기 위해 담배에 불을 붙였다가 불이 났다고 진술했다. 실화라고 주장한 것이다. 증거를 보강하지 않는 이상 엄마의 진술만으로는 살해 목적의 방화로 기소하기에 역부족이었다.

하지만 이 사건은 화재 감식 전문가의 추가적인 의견과 법의학적인 소견으로 진실이 밝혀지며 마무리된다. 우선 전기 합선은 화재의 원인이 아니라 결과일 수도 있다는 전문가의 의견이 있었다. 또한 피의자의 주장대로 휘발유를 뿌린 후 일정 시간이 지나서 불을 붙였다면 공기보다 무거운 유증기가 바닥에 축적되어 있다가 발화할 때는 폭발적인 화염이 발생한다. 이 사건의 경우에는 방 안에서만 화재가 일어났을 뿐 폭발이 없었다는 점에 주목하고 모의 재연실험을 통해 피의자의 주장이 거짓임을 밝혔다. 또한 법의학적으로 아이의 화상은 화염의 복사열에 의한 것일 수는 없다는 의견이 제시되었다. 피해자는 전신에 화상을 입었지만 특히 왼쪽 팔과 머리가 불에 타 일부가 없어지는 등 신체의 좌측에 직접 불을 붙이지 않고는 생기기 힘든 심한 화상이 관찰되었기 때문이다. 게다가 피의자가 불을 붙였다고 하는 지점에서 피해자의 좌측 부분은 더 멀리 떨어져 있었다.

이 모든 과학적 의견이 피의자의 주장이 거짓이라는 것을 입증하는 진술로 재판에서 받아들여졌다. '9년 전에 그런 의문을 제시했었으면' 하는 아쉬움이 있지만 다행히 공소시효가 남아 기소할 수 있었다. 피의자는 방화치사죄로 유죄가 확정되어 중형을 선고받았다. 비명에 간 아이의 한을 뒤늦게라도 조금은 풀어줬다고 위안해도 될까. 그럼에도 사건의 진실은 할 말을 잃게 할 뿐이다. 피의자는 전처가 집을 나간 후

재혼을 해 아이를 키웠단다. 술을 마시고 자주 부부싸움을 하던 피의자는 그날도 부부싸움 도중 아내가 "아이가 나한테 엄마라고 부르지 않는다"라고 하자 아이를 무릎 꿇게 하고 "엄마"라고 부를 것을 다그쳤다. 그런데 아이는 끝까지 말을 듣지 않았다고 한다. 단지 그 이유로 아이의 몸에 휘발유를 뿌리고 불을 붙였다니, 그저 가슴이 먹먹할 뿐 아무 말도 할 수 없다.

20대 초반의 부모가 저지른 끔찍한 아동학대 치사 사건도 기억에 또렷이 남아 있다. 2016년 이른 봄 오후, 싸늘하게 식은 아이의 시신이 병원 응급실에 이송되었다. 희생된 아이는 태어난 지 석 달이 채 안 된 아기였다. 당시 부모는 "아침 10시쯤 일어나보니 아기가 죽어 있었다"라고 진술했다. 의사가 시신을 살펴보니 아이의 눈두덩, 턱, 옆구리 등에 멍 자국이 있고 갈비뼈와 머리뼈 일부는 골절되고 한쪽 팔꿈치가 탈골되어 있었다. 의사는 아동학대임을 직감하고 경찰에 신고했다. 단순한 실수일까, 아니면 학대와 방임에 의한 치사일까? 아니면 고의성을 가진 살해일까?

누가 봐도 심한 학대를 예상할 수 있는 사건이었다. 부모를 조사하던 수사관은 부모가 아침에 아기가 죽어 있는 것을 발견했음에도 바로 119에 신고하지 않고 몇 시간이 지난 후에야 병원에 간 점을 수상하게 여기고 부모의 휴대폰 분석과 아기에 대한 부검을 의뢰했다. 부검 결과는 충격적이었다. 경막과 지주막 밑에서 출혈이 발견되었고, 몸 곳곳에 멍에 의한 내출혈 흔적, 손톱으로 긁힌 것으로 보이는 상흔과 심지어 과거 골절에 의한 가골(부러진 뼛조각 주위에 생긴 물질) 등이 관찰되었다.

이렇게 많은 상처에 대해 추궁하자 피의자로 신분이 바뀐 부모는 그제야 변명을 늘어놓기 시작했다. 아빠는 "아기가 울고 보챌 때 몇 번 때린 적은 있지만 사건 전날 밤에는 아이를 안다가 실수로 떨어뜨렸을 뿐이다"라고 했고, 엄마는 "출산과 육아로 인한 스트레스로 아기를 돌보지 않고 방치는 했지만 학대는 안 했고 남편이 학대하는 사실도 몰랐다"라며 모두 의도적인 학대를 인정하지 않았다. '실수에 의한 사고'라는 주장이었다.

사건을 추측할 수 있는 단서는 휴대폰 분석 결과에서 나왔다. 아기가 죽은 후 병원에 가기 전까지 몇 시간 동안 집 안 청소를 했고, '아기가 죽었어요', '사망신고' 등으로 인터넷에 검색한 사실이 드러났다. 학대에 의한 사망을 은폐하기 위한 시도로 보기에 충분했다. 피의자들의 동의를 얻어 통합심리분석을 실시한 결과도 단순 실수라는 주장은 허위라는 것을 뒷받침해주었다. 하지만 실수가 아닌 학대라고 입증할 만한 결정적인 증거 한 방이 없는 상황이었다.

답답한 시간이 흐르던 중 사건 담당 검사는 1차 수색에서는 결정적 증거를 찾지 못했지만 숨은 증거가 여전히 집에 남아 있을지도 모른다고 생각했다. 그래서 DNA 감정관들의 협조를 얻어 피의자 집에 가서 다시 증거들을 수집하게 되었다.

사건 현장에는 진실을 규명하는 데 필요한 수많은 증거가 곳곳에 널려 있다. 현장에 출동하는 과학수사대(CSI)는 매뉴얼에 따라 폭넓게 증거를 수집하는 반면에, DNA 감정관은 전문 경험을 바탕으로 DNA 분석에 초점을 맞춘 증거를 집중적으로 보는 경향이 있다. 이 때문에 현장은 서로 다른 의미를 지닐 수 있다.

역시나 특별한 단서를 찾지 못하던 중, 피의자들이 학대를 은폐하기 위해 증거 인멸을 시도했다면 무언가가 묻은 의류를 세탁했을 수 있다는 생각이 들었고, 아기와 피의자들의 옷에 대해 흔적 검사를 하기로 했다.

보통 넓은 부위에서 체액의 흔적을 발견하기 위해서는 다양한 파장의 광원光源 검사를 한다. 적외선이나 자외선 혹은 가시광선 중 특정 파장의 빛을 번갈아 쪼이면 미세한 흔적이 발견되는 경우가 있다. 아니나 다를까, 아기의 저고리 하나와 친부의 잠옷 바지 몇 부분에서 미세한 흔적이 보였다. 그 흔적은 혈액일 수도 있고, 침이나 콧물일 수도 있다. 만약 이것이 혈액의 흔적이고 이 옷이 사건 당시에 입었던 옷이라면 학대를 입증하는 결정적 증거가 될 것이다. 어두운 곳에서 흔적 부위에 루미놀을 뿌려보았다. 육안으로 아무것도 안 보이던 옷에서 루미놀을 분무할 때마다 형광이 번쩍거리며 여러 부위에서 나타났다.

루미놀은 혈액 속 헤모글로빈과 화학반응을 일으켜 형광

을 내는 물질로, 어두운 데서 보면 혈액 부위가 푸른 형광으로 빛난다. 많이 희석된 혈액에서도 반응을 보일 만큼 민감도가 뛰어나다. 하지만 토마토처럼 혈액이 아닌 것에도 반응을 보이는 위양성이 많아 조심해야 한다. 일반적으로 표면에 묻은 혈액은 세탁하면 깨끗이 지워지지만 섬유 속에 스며든 혈액은 세탁의 정도에 따라 미세한 양이 남아 있을 수 있다. 분석실로 가져가서 추가 실험을 통해 혈액임을 확인했고 아기의 옷과 친부의 잠옷 바지에서 모두 숨진 아기의 DNA가 검출되었다.

이런 결과를 토대로 밝혀진 그날의 진실은 이렇다. 술을 마신 채 게임을 하고 있던 친부는 아기가 울고 보채자 아기를 안으려고 침대에서 꺼내다 떨어뜨렸는데 아기의 입에서 출혈이 보였다. 자지러지게 우는 아기를 달래려고 젖병을 물렸으나 울음을 그치지 않자 화가 나서 아기에게 추가 학대를 가한 어처구니없는 사건이었다. 그 어린아이의 옷과 자신의 바지 곳곳에 피가 묻을 만큼….

재판 결과 친부에게는 상습적 아동학대와 이에 따른 치사죄가, 친모에게는 아동학대 방임이 인정되어 유죄가 확정되었다. 특히 1심에 비해 항소심에서 형량이 더 높아졌다. 판사는 판결문에서 "이 사건은 한 생명을 양육할 수 있을 만큼 충분한 책임감과 절제심, 부부 사이의 깊은 신뢰와 애정을 갖추지 못했던 어린 부모가 만들어낸 비극"이라고 말했다. 우리 모두가 같은 생각이 아닐까 싶다.

그런데 왜 친부에게 살인죄를 적용하지 못했을까? 이 사건에서 적용된 법은 2014년에 제정된 '아동학대범죄의 처벌 등에 관한 특례법'인데 당시에는 아동학대에 의해 죽음에 이르게 하는 '치사'에 관한 조항은 있었지만 학대에 의한 의도적 '살해'에 관한 조항이 없었다. 따라서 살해를 적용하자면 형법에 있는 '살인죄'를 적용해야 하는데 아동학대의 경우는 살해의 의도를 명확히 입증하기가 어렵다.

바로 이런 문제로 2020년 양천구 입양아 학대 사망 사건 이후에 특례법에 '아동학대 살해죄'가 신설되었다.* 죽을 수도 있다는 것을 알면서도 학대를 지속했다면 살해 의도가 있었다고 간주할 수 있다는 것이 '정인이법'의 주요 내용 중 하나다. 아동학대 신고가 접수되면 의무적으로 수사해야 한다는 조항도 추가되었다. 그동안 부모의 양육 방식에 관한 문제로 치부해왔던 관행을 없앤 것이다. 많은 아이들의 억울한 희생 끝에 이루어진, 늦었지만 작은 변화다.

* 일명 정인이법. '아동학대범죄처벌 특례법 개정안'으로, 양부모의 학대로 입양 271일 만에 사망한 정인이 사건을 계기로 만들어졌다. 아동을 학대하고 살해한 경우 사형이나 무기징역 또는 7년 이상의 징역에 처하도록 하는 내용을 담고 있다.

2부

보이지 않는 목격자 DNA

모든 사람의 DNA는 다르다

과학수사에서 가장 요긴하게 사용되는 분야를 꼽자면 DNA 분석을 빼놓을 수 없다. 그만큼 DNA는 살인이나 성폭행 같은 흉악한 범죄 사건을 해결하는 가장 강력한 도구다. 영화 〈살인의 추억〉의 모티프가 되었던 화성연쇄살인사건도 무려 30여 년 동안 미제로 남아 있다가 2019년에야 범죄자 DNA 데이터베이스를 통해 진범이 밝혀지지 않았던가. 그럼에도 공소시효가 지나 처벌할 수 없는 것이 안타까울 따름이다.

이렇듯 DNA가 강력사건의 해결사가 된 것은 단연코 높은 정확성 때문이다. 사건 현장과 피해자의 몸이나 의류에는 혈흔, 정액흔 등 생물학적 증거가 남아 있기 마련인데, 이를 채취해 여기에 들어 있는 DNA를 분석하면 관련자들의 DNA와 비교해 누구의 것인지를 가려낼 수 있다. 생명과학 기술의 비약적인 발전으로 DNA의 특성을 효과적으로 분석할 수 있게 되었기 때문이다. 이를 이해하자면 생물학에 대한 길고도 재미없는 강의가 필요하겠지만, 이 책에서는 꼭 필요한 내용만 세부적으로 나누어 되도록 쉽게 설명하려고 한다.

먼저 DNA가 무엇인지 이야기해보자. DNA는 부모로부터 물려받는 유전물질로, 생명 활동과 관계된 모든 형질을 결정하는 정보를 지니고 있으며 특정한 단백질과 결합해 염색체라는 형태로 세포 속에 존재하는 생체분자다. 이해를 돕기 위해 비유를 들어보겠다. DNA는 우리가 살아가는 데 필요한 모든 생명 활동이 이루어지도록 짜인 컴퓨터 프로그램에 비유할 수 있다. 컴퓨터 언어로 작성된 여러 개의 알고리즘이 합쳐진 것이 프로그램이듯 DNA도 생화학적 언어로 만들어진 수많은 알고리즘이 들어 있는 총체적인 집합체다. 이 생화학적 언어, 즉 한 개체의 모든 유전 정보를 생물학에서는 '게놈genome(유전체)'이라고 부른다.

우리가 생명을 유지하기 위해서는 자극을 느끼는 알고리즘, 자극을 뇌에 전달하는 알고리즘, 자극에 대한 반응을 운동으로 옮기는 알고리즘, 음식을 소화시키는 알고리즘, 외부에서 침입한 병균을 퇴치하는 면역 알고리즘 등 수많은 알고리즘이 빈틈없이 작동해야 한다. 그런데 사람마다 생김새나 지능, 운동능력이 제각각인 이유는 결국 이런 알고리즘들이 조금씩 다르기 때문이다. 이것은 곧 개인마다 DNA가 다르다는 것을 의미한다.

그렇다면 서로 얼마나 다를까? 놀랍게도 99.9퍼센트 이상이 같고, 단지 0.1퍼센트 정도만 다르다. 인간과 가장 유사하다고 알려진 침팬지나 오랑우탄과는 무려 98퍼센트 이상이 같고, 실험용 쥐와도 80퍼센트 정도는 같다.* 이렇게 동일한 부분이 많은 이유는 무엇일까? 모든 생명체는 생명을 유지하기 위한 공통적인 알고리즘이 있어야 하고, 이런 알고리즘에 변화가 생기는 것은 곧 생명체의 생존이 위협받는 것을 의미하기 때문이다. 사람이나 동물이나 기본적으로 생명 유지 기능은 같다고 봐야 한다.

과학수사에서 DNA를 분석한다는 것은 '이 DNA가 누구 것이냐'를 밝히는 일이다. 그러니 동일한 부분을 분석해서는 누구 것인지 구분할 수 없다. 따라서 DNA 중 극히 일부인 서로 다른 부분을 골라 분석해야 한다. 일반 생명과학이 공통적인 알고리즘을 분석해 생명의 비밀을 밝히는 것과는 대비된다. 이렇듯 DNA 분석은 서로 다른 DNA를 가진 수많은

* 《총 균 쇠》의 저자인 재레드 다이아몬드는 DNA 염기서열 분석 기술이 발전하기 이전인 1992년에 쓴 책 《제3의 침팬지》에서 인간과 침팬지의 DNA는 1.6퍼센트만 다를 뿐이라고 얘기한 바 있다. 이러한 그의 주장은 2005년 〈네이처〉에 게재된 논문 〈침팬지 염기서열 분석 연구〉에서 입증되었다.

사람 중에서 증거물의 DNA와 일치하는 사람을 찾아내는 일이라고 할 수 있다. DNA는 부모로부터 물려받지만 반반씩 섞이게 되므로, 한 가족이라고 해도 남보다는 비슷할지언정 엄밀히 보면 서로 다르다. 그렇다면 하나의 세포(수정란)에서 갈라져 나온 일란성 쌍둥이는 DNA가 모두 동일하지 않을까? 결론부터 말하면 맞는 말이기도 하고 틀린 말이기도 하다. 여기에 대해서는 3부에서 상세히 설명할 것이다. 우선은 DNA가 무엇으로 이루어졌고, 어떤 특징을 갖는지에 대해 이야기해보자.

DNA 구조와 세포

중세의 귀족이나 엄청난 백만장자쯤은 되어야 가질 수 있는 목걸이를 상상해보자. 이 목걸이는 순금으로 만든 고리들이 연결되어 하나의 기다란 사슬을 이룬 형태다. 각 고리에는 영롱한 보석이 하나씩 박혀 있다. 뜬금없이 웬 보석 목걸이냐고? DNA가 어떻게 이루어졌는지 쉽게 설명하기 위해 목걸이에 비유하고자 한다.

목걸이 사슬을 이루는 각 고리는 데옥시리보스라는 5탄당(탄수화물을 이루는 당류 중 다섯 개의 탄소원자로 이루어진 것)과 인산이 결합하여 이루어져 있다. 이 고리에 박힌 보석은 네 종류로, 각각 아데닌(A), 구아닌(G), 티민(T), 시토신(C)이라는 네 가지 염기를 의미한다. 고리와 그 안에 박힌 보석을 합쳐

뉴클레오티드라고 부르며, 이것이 연결되어 사슬을 이루고 있는 목걸이가 바로 DNA다. 정리해보자면, 데옥시리보스와 인산으로 이루어진 물질에 네 가지 염기 중 하나가 무작위로(매우 중요한 의미다!) 결합된 형태가 DNA의 기본 단위인 뉴클레오티드이고, 뉴클레오티드의 집합체가 바로 DNA가 된다. 한마디로 DNA는 네 종류의 염기가 무작위로 결합된 뉴클레오티드가 일렬로 배열된 물질이다.*

이 목걸이에 들어가는 고리는 모두 몇 개일까? 인간의 경우 고리의 수가 무려 약 32억 개에 이른다. 오늘날 생명과학기술은 32억 개에 달하는 고리에 박힌 보석의 서열, 즉 염기서열을 빠르게 밝힐 수 있는 수준으로 발달했다. 인간 DNA의 전체 염기서열을 밝히는 '인간 게놈 프로젝트'가 1990년부터 2003년까지 미국 국립보건원(NIH)의 주도로 진행되었다. 무려 13년 동안 엄청난 인력과 자금을 투입해 겨우 한 사람의 DNA 염기서열을 밝혔지만, 지금은 단 며칠 만에 실험실에서 개인의 염기서열을 밝힐 수 있다.

보통 DNA를 표현할 때는 5′ AACTTGGCCCGTTAA 3′처럼 표기하는데, 이것은 공통적인 부분을 제외하고 염기

* 위 글을 읽으면 DNA가 한 가닥으로 이루어진 것으로 생각하기 쉽다. 그러나 실제로 DNA는 일렬로 배열된 두 가닥이 마주 보고 염기들이 서로 결합한 형태의 이중나선 구조로 되어 있다. 이 책에서는 이해를 돕기 위해 표현을 단순화했음을 밝혀둔다.

의 서열만 쓴 것이다. 이 목걸이에는 방향이 있어서 처음(5′)과 끝(3′)이 있는데, 처음에서 끝 방향으로 나열한다. 사람은 32억 개의 보석(염기)이 있으므로 전부 나열하면 32억 개의 염기서열이 된다.

32억 개의 보석을 하나의 목걸이로 만들면 너무 길어질 것이다. 그래서 보석 고리들이 23개의 목걸이로 나누어져 있고 그 길이는 제각각이다. 이렇게 23개로 나뉜 뉴클레오티드의 집합체를 게놈이라고 한다. 게놈은 알고리즘의 집합체이며, 사람들의 DNA는 단지 0.1퍼센트만 다르다고 앞에서 이미 말했다. 바로 32억 개의 보석이 박힌 고리들 중 0.1퍼센트 부분에 박힌 보석의 배열이 서로 다르다는 의미인데, 생물학에서는 이것을 'DNA 변이'라고 부른다.

32억 개의 보석으로 이루어진 23개의 목걸이만 해도 어마어마한데 인간은 총 46개의 목걸이를 가지고 있다. 한 세트는 아버지로부터, 또 한 세트는 어머니로부터 받은 것이다. 같은 종류의 목걸이가 두 개씩 있다는 얘기다. 대단하지 않은가?

그렇다면 DNA는 어디에 어떤 형태로 존재할까? 목걸이가 케이스에 담긴 것처럼 DNA는 단백질과 결합된 형태로 존재하는데, 이것을 염색체라고 부른다. 이 염색체는 길이가 제각각이다. 크기에 따라 번호를 붙이는데 1번부터 22번까지 있고(제일 큰 것이 1번), 나머지 하나는 성性을 결정하는 염색체로 X염색체 또는 Y염색체로 불린다. 실제로 DNA는 염색체에 의해 응축된 형태라서 눈에 보이지 않을 만큼 작다. 그러나 DNA를 한 줄로 펼치면 길이가 거의 2미터나 된다. DNA를 분리하는 생물실험에서 알코올로 탈수시켜 침전된 DNA를 막대기로 휘저으면 끈적거리는 실처럼 막대기에 엉겨 붙은 DNA를 육안으로도 확인할 수 있다.

모든 생명체는 세포로 이루어져 있다. 성인의 몸은 약 60조 개의 세포로 이루어져 있다. 이렇게 어마어마한 수의 세포 안에 모양과 크기가 같은 염색체가 어김없이 두 개씩 존재하는데, 이 둘을 상동염색체라고 한다. 물론 예외는 있다. 적혈구 세포에는 염색체가 아예 없다.

우리 몸을 이루는 무수한 세포들은 하나의 수정란이 세포가 둘로 갈라지는 과정(세포분열)과 그 안에 들어 있는 염색체가 복사되는 과정(DNA 복제)이 반복되어 생긴 것이다. 정자와 난자도 엄연히 세포이므로 그 안에는 염색체가 들어 있다. 여기서 이런 의문이 들 것이다. 세포에 들어 있는 상동염색체가 두 개라면, 정자와 난자가 만난 수정란에는 상동염색체가 네 개씩 있어야 하지 않을까? 하지만 정자나 난자가 만들어지는 과정에서는 염색체 수가 반으로 줄어드는 감수분열이 일어나기 때문에, 한 쌍의 염색체만 가지게 되고 결과적으로 수정란은 일반세포와 동일하게 두 개의 상동염색체를 지니게 된다. 두 개의 상동염색체 중 어느 것이 각각의 정자나 난자에 포함될지는 무작위로 이루어지므로 정자, 난자는 매우 다양한 염색체 조합을 갖게 된다. 한 부모에게서 태어난 형제들이 서로 닮았으면서도 다르게 생긴 것은 바로 이 때문이다. 정자는 성염색체가 X와 Y로 나누어지고 난자는 모두 X염색체만 가지고 있다. 따라서 난자가 X염색체를 가진 정자와 결합하면 XX의 성염색체가 되어 딸이 태어나고, Y염색체를 가진 정자와 결합하면 XY를 가진 아들이 태어난다.

조금 복잡하지만 이렇게 자세히 설명한 것은 DNA의 중요한 특징을 이해할 필요가 있기 때문이다. 정리하자면 모든 세포에 들어 있는 DNA는 동일하고 평생 변하지 않는다. 생명과학적으로 엄밀히 따지면 정상적인 세포의 DNA 염기에 돌연변이가 일어나 암세포로 변하기도 하고, 뒤에서 설명할 후성유전학에서도 DNA의 일정 부분이 변화하는 것을 관찰할 수 있는 등 예외가 있지만, 과학수사에서 DNA 분석은 그런 전제로 시행된다. 좀처럼 변하지 않는 DNA의 특징 때문에 수십 년 전 사건의 증거물에서 채취한 DNA의 분석 결과와 방금 검거된 용의자의 DNA를 대조해 범인인지를 가려낼 수 있는 것이다.

1980년대 중후반부터 1990년대 초반까지 대한민국을 공포에 떨게 했던 화성연쇄살인사건의 진범이 뒤늦게 밝혀진 것도 그런 경우다. 이 연쇄살인사건은 1986년 9월부터 1991년 4월까지 경기도 화성 일대에서 여성 10여 명이 강간당하고 살해된 사건으로, 범인이 잡히지 않아 이 사건의 공소시효는 2001년 9월에서 2006년 4월 사이에 모두 만료되었다. 그런데 2019년에 처제 살인으로 무기수로 복역 중이던 이춘재가 DNA 데이터베이스에 의해 진범으로 특정되었다. 그는 화성연쇄살인 14건 모두를 자백했고, 이에 따라 '이춘재 연쇄살인사건'으로 사건명도 변경되었다.

DNA 분석의 또 다른 특징은 사건 현장에서 어떤 흔적이 발견되었건 용의자에게서 쉽게 채취할 수 있는 세포만 얻으면 DNA 대조가 가능하다는 점이다. 요즘에는 면봉으로 입안을 긁어서 묻어나는 세포만으로도 DNA 분석을 할 수 있지만, DNA 분석 기술이 도입되지 않았던 1990년대 초반에는 용의자의 머리카락을 뽑거나 혈액을 채취해야 했다.

이렇게 이야기하다 보니 조금 황당한 에피소드가 떠오른다. 성폭행 사건이었는데, 피해 여성이 정액이 묻은 속옷을 증거로 제출했고 경찰은 끈질긴 수사 끝에 마침내 용의자를 검거했다. 정액이 용의자의 것임을 밝히기 위해 DNA 분석을 의뢰하겠다는 연락을 받았는데 어찌된 일인지 의뢰가 차일피일 미뤄졌다. 기다린 끝에 드디어 증거와 대조 감정물이 도착했는데 이럴 수가! 대조 감정물로 용의자의 정액을 보낸 것이었다. 제출된 증거가 정액이니 당연히 정액으로 비교해야 하는 줄 알고, 완강히 거부하는 용의자의 신체검증에 대한 압수수색영장을 발부받아 병원에서 정액을 강제 채취하느라 늦었던 것이다. 대조 감정물로 무엇을 보내면 되는지 사전에 알려주지 못한 나를 질책할 수밖에…. 이후 한동안은 검사나 수사관을 대상으로 DNA 분석 강의를 할 때마다 이 부분에 대해서도 빠뜨리지 않고 언급했다.

사실 몸에서 떨어져 나온 것이라면 아무리 미세해도 세포가 아닌 것은 거의 없으므로 사건 현장에는 DNA 분석의 대상이 되는 증거들이 널려 있다고 해도 과언이 아니다. 혈흔이나 정액흔 외에 언뜻 분석이 불가능해 보이는 것들도 거의 분석 대상이 된다. 머리카락 자체는 세포가 아닌 단백질이 자란 것이지만 모근이 남아 있다면 DNA 분석이 가능하다. 모근에는 모발을 자라게 하는 세포가 있기 때문이다. 마찬가지로 손톱도 세포는 아니지만 손톱에 붙은 미세한 피부 조각에서 DNA를 분리할 수 있다. 그 밖에 대소변도 세심하게 처리하면 분석 결과를 대체로 얻어낼 수 있다. 우리가 늘 만지고 있는 휴대폰이나 키보드, 마우스, 심지어는 돈이나 봉투에 묻은 지문에서도 종종 DNA 분석이 가능하다. 피해자의 피부에 묻은 아주 미량의 세포만 있어도 가능하다는 말이다. 이론상으로는 20여 개의 세포만 있다면 분석이 가능한 수준까지 기술이 발전했다. 어떻게 이런 일이 가능한지 다음 장에서 살펴보도록 하자.

PCR과 DNA 분석

무려 2년이 넘도록 전 세계를 강타해 많은 생명을 앗아가고 큰 경제적 손실을 가져온 코로나 팬데믹 덕분에(?) 'PCR 검사'라는 단어를 모르는 사람은 없을 듯하다. 사실 PCR은 코로나 바이러스 검사뿐만 아니라 DNA 분석에도 사용되는 기술이다.

PCR이란 'Polymerase Chain Reaction'의 약자로 우리말로 번역하면 '중합효소연쇄반응'이다. 한마디로 표현하면 DNA를 복사하는 생명과학 기술이라고 할 수 있다. 우리 몸속에서 세포분열을 할 때 DNA도 복제되는데, PCR은 몸속에서 일어나는 복제를 실험실에서 재현하는 것*이라고 생각하면 된다. 1987년에 최초로 발표된 이 기술은 아주 단순한

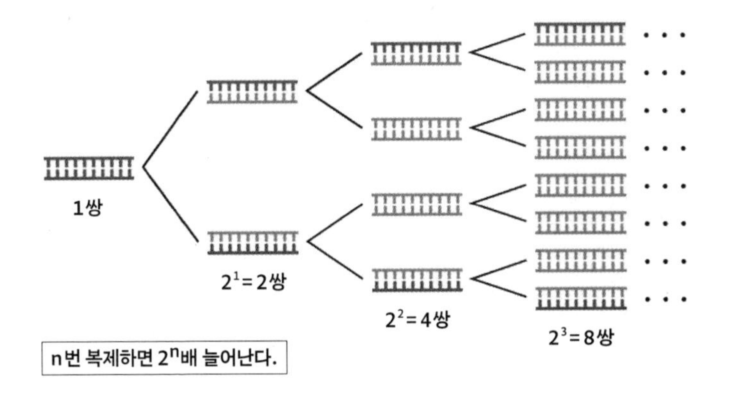

PCR의 원리

아이디어에서 비롯되었지만 생명과학의 발전 속도를 획기적으로 끌어올린 놀라운 발명이다. PCR을 발명한 미국의 생화학자 캐리 뱅크스 멀리스는 당시 세터스란 회사의 연구원이었는데, 이 공로로 1993년에 노벨 화학상을 받았다.

PCR이 체내 복제와 다른 점이 있다면 우리 몸은 32억 개에 달하는 염기서열을 모두 복제하는 반면에 PCR은 필요한 부분의 서열만을 선택적으로 복제한다는 것이다. 복제를 하

* 생명과학은 결국 생체 안에서 일어나는 일을 시험관에서 재현해 연구하는 것이므로, '생체 안에서'라는 의미의 라틴어 'in vivo'와 '시험관 안에서'라는 의미의 라틴어 'in vitro'가 자주 언급된다. 시험관 아기를 얻기 위한 체외수정을 의미하는 의학 용어 IVF도 'In Vitro Fertilization'의 약자다.

면 하나가 둘이 되고 이 과정을 반복하면 2의 거듭제곱 개가 되는 것처럼, PCR은 복제를 반복해서 일으켜 처음에는 아주 적은 수로 존재하던 서열을 엄청난 수로 만드는 증폭 기술이다.

PCR 기술이 과학수사의 DNA 분석에 본격적으로 도입된 것은 1990년대 초반으로, 영국과 미국에서 거의 같은 시기에 이루어졌다. 우리나라에서는 내가 1992년에 최초로 PCR을 이용한 유전자 감식 기술(당시에는 이렇게 불렀다)을 개발해 수사에 적용했다.*

그렇다면 그 이전에는 DNA 분석이 어떤 형태로 이루어졌고, 그건 또 누가 최초로 생각해낸 것일까. 여기서 잠깐 본론에서 벗어나 DNA 분석의 시대를 연 영국 과학자 이야기를 해보자.

영국 레스터대학교의 유전학 교수였던 앨릭 제프리스는 DNA를 과학수사에 적용하는 원리를 최초로 발견해 '과학수사 DNA 분석의 아버지'라고 불린다. 그가 세계 최초로 수행한 DNA 분석 사례를 소개하면 다음과 같다.

1986년 어느 여름날, 영국 레스터셔의 한 마을에서 열다

* "강력사건 현장에서 수거되는 혈흔·정액·체모 등 신체 분비물의 유전자 감식을 통해 범인을 밝혀내는 첨단 수사기법이 국내 최초로 개발됐다. 대검 중앙수사부는 28일 서울대 의대 법의학교실과 공동으로 유전자 감식 기법을 개발, 앞으로 강도·강간 등 강력사건과 친자 확인, 변사체 신원 확인 등에 활용하기로 했다." 〈중앙일보〉, 1992년 2월 28일 자.

섯 살 소녀 돈 애슈워스가 친구 집에서 나와 귀가하던 중에 실종되었다. 며칠 후 집에서 그리 멀지 않은 길가 덤불 속에서 옷이 벗겨진 채로 그녀의 시신이 발견되었다. 저항의 흔적이 있었고, 강간을 당한 후 목이 졸려 살해된 것으로 추정되었다. 사건이 일어나자 마을은 술렁이기 시작했고, 경찰은 바짝 긴장했다. 2년 반 전에도 린다 만이라는 열다섯 살 소녀가 같은 방식으로 살해된 바 있어, 연쇄살인처럼 보였기 때문이다.

경찰은 수사 끝에 피해자인 돈을 알고 있던 지적 장애인 열일곱 살 리처드 버클린드를 용의자로 지목하고 2년 반 전의 살인사건도 함께 묶어 기소했다. 경찰이 압박하자 그가 범행에 대해 비교적 상세하게 진술했기 때문인데, 정작 기소 후에는 범행을 인정하다가도 번복하는 등 횡설수설했다. 궁지에 몰린 경찰은 앨릭 제프리스 교수에게 도움을 청했다. 제프리스 교수는 유전질환에 대한 연구를 수행하던 중, DNA의 특정 부분이 사람마다 모두 다르다는 사실을 발견했다. DNA의 특정 부분에 긴 염기서열이 의미 없이 반복되는 구간이 발견되었고, 그 반복되는 패턴이 개인마다 다르게 나타났는데, DNA 안에 위성처럼 떨어져 있다고 해서 그는 이 부분을 '소위성minisatellite'이라고 명명했다. 그는 이것을 가족관계 확인이나 동일인 식별에 이용할 수 있다는 논문을 막 발표한 참이었다. 하지만 그의 기술은 국적 취득 사기 판별을 위한 가족관계 확인 목적으로 몇 번 사용되었을 뿐 아직 범죄 수사에는 활용된 적이 없었다. 그런 상황에서 레스터 지역 경찰이 제프리스 교수에게 간곡하게 부탁한 것이다. 제프리스 교수는 밤을 새워 버클런드의 혈액과, 두 사건의 피해자 몸에서 나온 정액을 분석한 후 그 결과를 경찰에 전달했다.

결과는 충격적이었다. 경찰의 예상대로 두 사건의 범인이 같은 사람인 것은 맞지만 정액의 DNA는 버클런드의 것과 불일치했기 때문이다. 여전히 확신에 차 있던 경찰은 제프리스 교수에게 재차 분석을 해줄 것을 요구했지만 세 번이나 거듭해도 결과는 같았다. 결국 버클런드는 구금된 지 석 달 만에 풀려났고, 수사는 원점으로 돌아갔다. 주민들은 '다음은 우리 가족 차례가 될지도 모른다'고 불안해했다. 경찰은 궁지에 몰렸지만 수사를 포기할 수 없었다. 어쨌든 DNA 분석이 사건 해결을 위한 신뢰할 수 있는 도구라고 확신하게 된 경찰은 인근 주민 모두를 대상으로 DNA 분석을 하겠다는 계획을 세우기에 이르렀다.

이 수사기법은 DNA 그물dragnet이라고 불리는데, 인권침해라는 비판에도 불구하고 많은 흉악범죄에서 범인을 찾아내는 데 유용하게 쓰이고 있다. 범죄자 DNA데이터베이스가 일반화된 요즘에는 사용 빈도가 차츰 줄어들고 있기는 하다.

DNA를 채취하려면 당사자의 동의가 반드시 필요했는데, 다행히 주민들은 모두 적극적으로 DNA 채취에 응했다. 1953년부터 1970년 사이에 태어나고 그 마을에서 살거나 일한 적이 있는 모든 남자를 대상으로 8개월 동안 총 5511명의 혈액을 수집했다. 제프리스 교수의 실험실은 밤새 DNA를 분석하느라 불이 꺼지지 않았다. 그런데 안타깝게도 피해자의 몸에서 나온 정액과 일치하는 사람이 없었다. 그렇다면 범인은 이 마을 사람이 아니라는 뜻일까?

이 사건은 미궁에 빠지는 듯했다. 그러다가 사건 발생 1년 만인 1987년 8월에 진범인 콜린 피치포크가 극적으로 검거되었다. 내막은 이렇다. 제빵공장에서 일하던 피치포크는 혈액 수집이 시작되자 직장 동료인 켈리에게 자기 대신 혈액을 제공해줄 것을 부탁했고(켈리는 이미 혈액을 제출한 후였다) 자신의 신분증에 켈리의 사진을 붙여 신분을 위조했다. 그런데 어느 날 켈리는 술자리에서 이 사실을 떠벌렸고 이야기를 들은 친구가 경찰에 알렸다. 곧 피치포크는 검거되었고, 그의 DNA가 피해자의 몸에서 검출된 정액의 DNA와 일치했음은 물론이다. 피치포크는 거리에서 신체 특정 부위를 노출해 검거된 적이 있었고 처음부터 용의선상에 올랐지만, 사건 당시 자신의 아이를 돌보고 있었다는 알리바이로 수사망을 빠져나갔던 것이다. 두 아이의 아버지인 그는 두 건의 살인 외에도 두 건의 강간을 추가로 자백했고, 결국 종신형을 선고받았다.

유전자 분석이라는 선구적 기술로 살인사건의 범인을 잡았다는 이 소식은 전 세계적인 화제가 되었다. 이를 계기로 미국과 유럽에서도 앞다투어 DNA 분석 기술을 개발하기 시

2013년 호주 멜버른에서 열린 국제법유전학회에서 앨릭 제프리스 교수와 필자

작했다. 영국이 DNA 과학수사의 원조로 불리고 선도적인 역할을 하게 된 데에는 제프리스 교수의 업적이 매우 컸다.

다시 본론으로 돌아오자. 사실 제프리스 교수가 사용했던 기술은 PCR 기술이 도입되기 전이라 현재의 DNA 분석과는 많이 다르다. 당시에는 DNA 증폭 기술이 없었기 때문에 증거의 양이 너무 적으면 분석하기가 어려웠고, 서던블로팅Southern Blotting이라는 어렵고도 위험한 방법을 사용해야 했다. 이 방법은 실험자의 손을 많이 타는 기술로 매 분석마다 동일한 결과를 얻기가 쉽지 않을뿐더러, 꼬박 이틀 정도 걸리는 긴 분석 시간에 더해 한 번에 처리 가능한 샘플 수가 적어 빠른 결과가 생명인 수사에 활용하기에는 미흡한 점이 있었다. 게다가 방사성 동위원소를 사용해야 하는 위험마저

안고 있었다.* 결론적으로 말하자면 1990년대 초에 PCR 기술의 도입이 없었다면 DNA 분석이 과학수사의 핵심으로 자리잡는 일은 불가능했을 것이다.

현재의 DNA 분석은 사건 현장의 흔적에서 분리된 DNA를 PCR로 일부분만 증폭해서 분석할 정도로 발전했다. 현장에 남은 흔적이 아무리 작아도, 또 피해자의 DNA에 섞인 범인의 DNA 양이 극히 미량이어도 분석이 가능하다. 이론적으로는 세포 20여 개의 흔적만 있어도 분석이 가능하다. 여기서 분리되는 전체 DNA의 양은 1그램의 10만분의 1을 다시 10만분의 1을 한 정도의 극미량이다.** 이 정도로 PCR은 민감도가 높은 기술이므로 모든 분석 과정에서 철저한 주의를 기울여야 한다. 흔하지는 않지만 애써 얻은 분석 결과가 현장에서 증거물을 채취한 과학수사대 경찰관이나 분석을 담당한 직

* 방사성 동위원소는 원자력 에너지를 방출한다. 특히 서던블로팅에 사용되는 동위원소들은 베타입자라는 고에너지를 방출하므로 인체에 장시간 노출될 경우 치명적일 수 있다.

** 화학에 자신 있는 독자는 다음 계산을 한번 읽어보시라.
뉴클레오티드 분자량은 평균 618g/mol, 뉴클레오티드 수를 30억 개로 계산하면 인간 DNA의 분자량은 1.85×10^{12}g/mol이 되고, 1mol(몰)은 6.02×10^{23}개의 분자 수에 해당하므로 DNA 분자 하나의 무게는 3pg(1pg은 1조분의 1그램)이다. 그리고 세포 하나에는 동일한 염색체가 두 개씩 존재하므로 총 6pg의 DNA가 들어 있다는 결론에 이른다. 보통 0.1ng(1ng은 10억분의 1그램)의 DNA만 있으면 DNA 분석이 가능하다고 하므로, 이를 환산하면 세포 16.7개에 해당한다.

원의 DNA로 밝혀져 낭패를 보는 경우도 있으니 말이다.

조금 섬뜩한 일화를 하나 소개하고자 한다. 2007년 독일 남부의 도시 하일브론에서 한 경찰관이 살해되었다. 증거물에서 채취한 DNA를 분석한 결과는 놀라웠다. 용의자 중에 일치하는 사람이 아무도 없었던 데다가 범인이 여성이라는 결과가 나왔기 때문이다(DNA 분석을 하면 범인이 남성인지 여성인지 알 수 있다). 얼마나 힘이 센 여성이기에 키가 크고 건장한 남성 경찰을 살해할 수 있었을까. 그래서 이 범인은 곧 '하일브론의 유령'이라고 불리게 되었다. 더욱 놀랍게도 1993년부터 독일, 오스트리아, 프랑스에서 연쇄적으로 일어났던 살인사건 여섯 건의 범인 DNA 프로필과도 일치했다. 절도까지 포함하면 이 괴물 같은 여성이 저지른 범죄는 수십 건에 달했다. 독일 경찰은 수사에 총력을 기울였지만 좀처럼 진범을 찾을 수 없었다. 그렇게 사건은 오리무중이 되었다.

그러다 경찰은 어쩌면 분석 과정에 오류가 있는 건 아닌지 의심했고, 그즈음 한 가지 사실을 추가로 알아내게 된다. 모든 사건에는 한 가지 공통점이 있었다. 현장에서 증거를 채취할 때 사용한 면봉이 같은 회사 제품이라는 사실이었다. 알고 보니 분석한 DNA는 범인의 것이 아니라 면봉 회사에서 일하는 한 여성 직원의 DNA였다. 그동안 쏟은 모든 수사 역량과 기록이 물거품이 되는 순간이었다. 그런 줄도 모르고 범인을 유령으로 생각했다니 참으로 어처구니없는 일이었다(이 사건에서 진범이 검거되었는지는 밝혀지지 않았다).

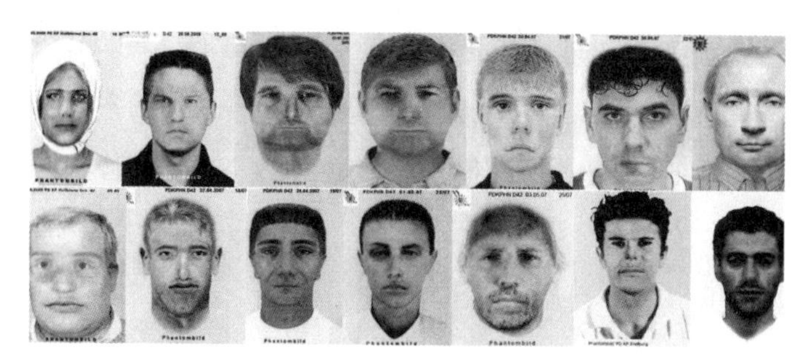

하일브론의 유령 몽타주

그러면 과학수사의 DNA 분석에서는 DNA의 어느 부분을 PCR의 대상으로 삼을까? 앞에서 이야기했지만 사람마다 다른 0.1퍼센트 부분이 그 대상이 된다. 그중에서도 변이가 특히 많은 부분('고변이 지역'이라고 부른다)을 고르게 된다. 어떤 부분은 배열된 염기의 종류가 다른 변이(염기 다형성)를 보이기도 하고, 또 어떤 부분은 염기서열의 길이 자체가 다른(길이 다형성) 경우도 있다. 전문용어로 염기 다형성을 SNP(Single Nucleotide Polymorphism), 길이 다형성을 STR(Short Tandem Repeat)*이라고 부른다. 염기 다형성의 경우, 염기의 종류가 네 가지밖에 없어 나타날 수 있는 변이가 몇 개 안 된다. 길

* STR은 제프리스 교수가 발견한 '소위성minisatellite'처럼 일정한 염기서열이 반복적으로 나타나는 구간이긴 하지만 반복되는 염기서열 단위가 2염기에서 10염기 미만으로 매우 짧아 소위성과 구분하여 '극소위성microsatellite'이라고 칭한다.

이는 매우 다양하기 때문에, 과학수사에서 사용하는 DNA 분석 목적으로는 길이 다형성을 지닌 부분이 주로 이용된다. 그렇다면 증거와 용의자의 STR을 분석한 DNA 프로필이 일치했다면 단박에 그 용의자가 범인이라고 말할 수 있을까? 이어서 이에 관한 이야기를 해보자.

DNA 증거가 틀릴 확률

세상에 절대적으로 참인 명제가 있을까? 선線은 생각 속에서만 존재할 뿐, 종이 위에 긋는 순간 면적을 가진 면面이 된다. 불세출의 천재인 뉴턴의 역학도 특정한 조건에서만 성립한다는 것이 또 다른 천재 아인슈타인에 의해 밝혀지지 않았던가. 이렇듯 많은 경우에서 절대적 명제로 보이는 것들이 사실은 특별한 가정을 전제로 하는 것일 수도 있고 상대적인 확률에 따라 결정된 것일 수도 있다. 마찬가지로 법과학에서도 100퍼센트 정확한 과학적 증거란 존재하지 않는다.

최근에는 기계학습, 딥러닝을 넘어 인공지능의 시대를 맞아 빅데이터를 처리하는 데 필수 도구인 확률과 통계의 중요성이 더욱 커지고 있다. DNA 분석 결과에 대한 해석이나 다른 모든 과학수사 증거에서도 확률과 통계는 아주 중요한 역할을 한다.

예를 들어 성폭행을 당한 후 살해된 여성의 몸에서 정액이 발견되었고, DNA를 분석한 결과 DNA 프로필이 일치하는 용의자가 있다고 하자. 살인의 유력한 간접증거가 될 수 있는 이런 결과와 관련해 간혹 나는 법정에 전문가 증인으로 출석하는 경우가 있다. 이때 재판관이 나에게 흔히 하는 질문이 있다. "DNA 증거가 틀릴 확률이나 오류의 가능성은 얼마나 됩니까?"

사실 대답하기 어려운 질문이다. 우선 질문의 취지가 애매하다. 실험 과정이나 결과에 문제가 있어서 실제로는 일치하지 않는 DNA를 일치로 판단하는 오류를 말하는 것인지, 아니면 일치한다는 결과는 명백한 사실이지만 그럼에도 그 정액이 용의자의 것이 아닐 수도 있는 가능성을 물어보는 것인지가 명확하지 않다. 실제로 그 차이를 명확히 구분하지 못하는 법조인도 있었다. 둘 다 답변하기 쉽지 않지만 대부분은 후자의 취지로 묻는 것이다. 이에 대해 설명해보기로 하자.

비록 0.1퍼센트이긴 하지만 모든 사람의 DNA는 염기서열이 다르고, DNA 분석은 바로 그 다른 0.1퍼센트의 부분을 들여다보는 것이라고 한 말을 기억할 것이다. 그런데 요점은 다른 부분을 모두 분석하는 건 아니라는 데 있다. 30억 개 염기서열의 0.1퍼센트라면 약 300만 개가 되지만 실제로 DNA 분석을 하는 부분은 그중에서도 극히 일부다. 23개로 나누어진 염색체 중 일부분만 골고루 선택해 PCR 기술로 증폭해서 분석하는 것이다. 요즘은 20개 정도나 그 이상의 STR 부분을 분석하는데* 한 부분당 길어야 500염기 정도이므로 기껏해야 총 1만 개 염기서열에 불과하다. 아무리 변이가 많은 부분을 골라서 분석한다고 해도 이 정도만 가지고 피해자 몸에서 발견된 정액이 그 용의자의 것이라고 단정할 수 있을까? 드물기는 하지만 DNA 프로필이 같은 사람이 존재할 가능성도 엄연히 있기 때문이다. 이런 합리적인 의심에 대해 전문가들은 이 증거가 얼마나 믿을 만한지 충분히(가능하다면 수치 등을 이용해) 설명할 의무가 있다. 예를 들어 설명해보자.

1부터 4까지 숫자가 적힌 카드가 하나씩 주머니에 들어 있다고 하자. 주머니에서 카드를 한 장 꺼내서 보고 다시 집어넣은 후 두 번째 카드를 꺼내 그 숫자를 기록한다면 몇 가지 경우가 생길까? 단, 꺼내는 순서는 상관없다.

1-1, 2-2, 3-3, 4-4, 1-2, 1-3, 1-4, 2-3, 2-4, 3-4. 모두 열 가지 경우다. 그럼 이 숫자 조합이 뽑힐 확률은 각각 10퍼센트일까? 그렇게 생각한다면 틀렸다. 1-1이라면 첫 번째 카드가 1이고 두 번째 카드도 1이어야 가능하지만 1-2는 1과

* 1990년대 초반 PCR을 이용한 STR 분석이 처음으로 쓰일 때에는 기껏해야 3~5개의 STR을 분석할 수 있었을 뿐이다. 이후 분석 STR의 수를 점차 늘리며 정확성을 계속 높여 지금에 이르렀다. DNA 분석 발전의 역사는 곧 분석 STR의 수 및 분석 속도의 증가와 관련이 깊다.

2, 2와 1 둘 중 어떤 순서로 뽑아도 1-2 조합이 되니까 말이다. 결론적으로 말하면 1-1처럼 숫자가 같은 조합은 각각 6.25퍼센트(0.25×0.25)의 확률로 뽑히고, 1-2처럼 숫자가 다른 조합은 12.5퍼센트(0.25×0.25×2)의 확률로 뽑힌다. '중복조합'의 원리다.

DNA 분석에서도 이와 같은 원리가 적용된다. PCR을 통해 STR을 분석하면 그 부분의 염기서열이 밝혀지는데, 이를 간단히 표기하기 위해 각 염기서열에 따라 고유한 숫자를 부여한다. 따라서 숫자가 같으면 같은 염기서열을 의미한다. 정확히는 염기단위 반복 횟수에 따라 생기는 염기서열 길이의 차이를 숫자로 표기하는 것이다. 그 숫자는 일반적으로 반복 횟수를 그대로 표기한다. 그러므로 여기에서의 숫자는 수數보다는 하나의 기호로 이해하면 된다.

사람의 경우는 한 부분에 대한 염기서열 숫자가 두 개로 표시되는데 왜일까? 앞서 우리는 부모로부터 각각 받은 동일한 염색체를 세트로 가지고 있다고 했던 말을 기억하는가. 그래서 어느 염색체의 한 STR 부분의 염기서열을 표기하는 숫자는 두 개가 된다.

그런데 숫자로 표기되는 염기서열의 종류는 STR에 따라 열 개 정도에서 많게는 수십 개일 정도로 다양하기 때문에 앞의 비유처럼 네 종류의 숫자 카드만 가진 경우보다는 훨씬 더 많은 숫자 조합이 가능하다. 그러므로 특정한 염색체의 특정한 STR 부분에서 가질 수 있는 숫자 조합은 매우 많고,

어떤 사람이 가지는 숫자 조합은 그중 하나이므로 우연히 다른 사람과 그 숫자 조합이 일치할 확률은 작아지게 된다. 잘 이해했다면 다음 설명으로 넘어가자.

예를 들어 이 확률을 일률적으로 0.1(10퍼센트)이라고 하자. 다시 말하지만 DNA 분석은 여러 부분을 분석하는 것이다. 예를 들어 20개 염색체 부분을 분석하면 총 20개의 숫자 조합이 생길 것이다. 첫 번째 숫자 조합이 우연히 일치할 확률이 0.1이라면 20개 부분의 숫자 조합이 모두 일치할 확률은 얼마일까? 0.1을 20번 곱한 확률*로 거의 0으로 수렴하는 극한의 작은 확률이 된다. 그렇기 때문에 DNA 증거는 틀릴 확률이 거의 없다고 말하는 것이다. 하지만 이런 부분을 정확히 이해하지 못하고 DNA 증거를 맹신한다면 큰 오류로 이어질 수 있다.

DNA 증거가 틀릴 확률이 0에 수렴할 만큼 작다면서 무슨 이야기냐고? 분석 과정이 완벽하고 믿을 만한 결과를 얻었음을 전제로 했을 때 그렇다는 말이다. 사실 사건 현장에서 수집하는 증거들은 DNA가 많이 깨져 있거나 온전한 결과를 얻는 데 방해가 되는 여러 물질로 오염되어 있는 경우가 많다. 이렇게 되면 만족할 만한 결과를 얻기 어렵다. 일본에서

* 수학에서 확률을 곱할 수 있는 경우는 서로 독립적인 사건의 확률일 경우다. 예를 든 숫자 카드 중복조합처럼 각각의 염색체는 서로 독립적으로 행동하므로 각 염색체 분석에서 나온 확률을 곱할 수 있다.

있었던 사건을 살펴보자.

1990년 5월 일본 도치기현 아시카가시의 한 파친코 가게에서 네 살배기 여자아이가 실종되었는데 다음 날 근처 하천에서 시신으로 발견되는 안타까운 사건이 일어났다. 1979년과 1984년에도 이와 비슷한 사건이 일어났지만 범인을 잡지 못하고 있었다. 경찰은 특별수사본부까지 설치해 범인을 검거하는 데 총력을 기울였다. 드디어 프로파일링과 주변 탐문조사를 통해 한 사람을 용의자로 지목하게 된다. 유치원 버스기사로 일하던 스가야 도시카즈라는 사람이었다. 파친코를 좋아하고 혼자 살며 다수의 음란물을 소지하고 있어 용의점이 크다는 이유였다. 사건 해결에 대한 압박이 많았던지 근거치고는 왠지 엉성했다. 용의자가 범행을 극구 부인하는 상황에서 결정적 증거를 확보하지 못한 경찰은 당시에는 신기술이었던 DNA 분석을 시도하게 되었다.

피해자 옷에 묻은 혈흔의 DNA가 도시카즈의 DNA와 일치한다는 결과가 나오자, 그는 범행을 자백했고 재판에서도 인정되어 사건이 종결되는 듯했다. 하지만 1심에서 무기징역이 선고되자 그는 결백을 주장하기 시작했다. "경찰이 자백만 하면 금방 나갈 수 있다고 해서 허위로 자백했다"는 것이었다. 하지만 그의 주장은 받아들여지지 않았고 오랜 재판 끝에 대법원에서 유죄가 확정되었다. DNA 증거가 유죄 입증에 결정적으로 작용한 것이다. 당시 일본 언론들은 DNA 증거를 법원이 인정한 최초의 사례라고 대서특필했다.

하지만 사건이 10년 이상 지난 후에 진실이 밝혀지게 된다. 극적인 드라마는 시미즈 기요시라는 니혼TV 사건 전문 기자로부터 시작되었다. 그는 취재할 거리를 찾아 주요 미제 사건을 뒤지던 중 1979년부터 1996년까지 반경 10킬로미터 이내에서 다섯 건의 유사한 살인·실종 사건이 일어났다는 것을 알게 되었다. 피해자는 모두 여자아이였고, 대부분 파친코 가게 근처에서 사라졌으며, 시신이 강가에서 발견되었다는 공통점이 있었다. 이 중 범인이 잡힌 사건은 도시카즈가 검거된 아시카가 사건뿐이었다.

그런데 아시카가 사건 이후에도 비슷한 사건이 일어났다는 사실에 기자는 주목했다. 그는 사건 현장을 100번 넘게 탐문하고 유족과 이웃 등을 찾아다니며 취재한 끝에 진범이 따로 있다고 확신하게 되었다. 그는 결정적 증거로 쓰인 DNA 분석 결과가 잘못되었을 가능성에 주목했다. 도시카즈의 결백을 입증하려는 기자의 끈질긴 노력에 힘입어 도시카즈는 2002년 DNA 재분석을 요구하는 재심을 청구하기에 이른다. 그러나 지방법원에서 기각되었다. 기자는 이에 굴하지 않고 〈도시카즈 누명 사건 특집 다큐멘터리〉를 방영하는 등 사법부를 계속 압박한 결과 2008년에 고등법원으로부터 DNA 재분석 허용을 이끌어냈다. 이어진 DNA 재분석에서 피해자 의류의 혈흔에서 분석된 DNA는 도시카즈의 DNA와 일치하지 않는다는 충격적인 결과가 발표되었다. DNA 증거가 유죄 판결에 결정적인 사건이었던 만큼 이 사실은 곧 도

아시카가 사건에서 DNA 증거로 누명을 쓰고 옥살이를 한 도시카즈

시카즈의 무죄를 입증하는 반대 증거가 되었다. 비난 여론이 고조되자 일본 최고검찰청은 기자회견을 열어 깊이 고개를 숙이고 사죄했다.

2009년 6월, 도시카즈는 62세의 나이로 17년 6개월의 억울한 옥살이에서 풀려났다. 기자인 시미즈 기요시는 이 사건의 추적 과정을 생생하게 그려놓은《살인범은 그곳에 있다》* 라는 책을 출간하기도 했다. 도대체 어떻게 이런 일이 일어

* 일본을 떠들썩하게 했던 '기타칸토 연쇄아동납치 살인사건' 추적 과정을 논픽션 형식으로 소개한 책. 저자는 1996년에도 유사 사건이 발생하자 스가야 도시카즈가 누명을 썼을 가능성을 염두에 두고 취재하기 시작해 경찰 수사의 모순점을 하나씩 밝혀냈다. 저자는 집요하고 치열했던 취재 과정, 긴박했던 순간들을 생생하게 전한다. 이 책은 한국어로도 출간되었다.

날 수 있었을까?

최초의 DNA 분석이 틀린 것은 아니었다. DNA 프로필이 일치한 건 분명했지만 염색체의 한 부분만 분석한 결과였고, 이 결과가 틀릴 확률은 0.1퍼센트(1000명당 한 명은 피해자 옷의 혈흔과 DNA 프로필이 우연히 일치할 수 있음을 의미한다)였다. 이는 상대적으로 높은 확률이지만 경찰은 이를 무시하고 도시카즈에게 자백을 강요했고, 법원도 DNA를 결정적 증거로 인용하는 실수를 범했던 것이다.

DNA 분석의 역사는 짧다. 세계적으로 1980년대 끄트머리에 들어서야 도입되었고, 국내에 도입된 것은 1992년부터다.** 이 사건도 2008년에 그동안 발전된 새로운 기술로 여러 부분을 추가로 분석해보니, 불일치하는 부분이 많았던 것이다. 어쨌든 실수는 과거의 에피소드일 뿐이고 지금은 20여 개나 되는 염색체 부분을 분석하기 때문에 오류가 있을 수 없다는 주장도 있겠지만 DNA 증거를 판단할 때 여전히 주의해야 한다.

이 사례와 오버랩되는 사건이 있다. 화성연쇄살인 8차 사건의 범인으로 지목되어 20년간 억울하게 옥살이를 한 분이 재심을 통해 32년 만에 무죄를 받은 일이다. 당시 범인의 혈

** 화성연쇄살인사건의 범인 검거를 위해 우리나라는 1991년에 몇 가지 증거물에 대한 DNA 분석을 일본에 의뢰한 바 있다. 영화 〈살인의 추억〉에서는 미국에 의뢰하는 것으로 나온다.

액형을 B형으로 잘못 판단한 과학수사 결과도 잘못된 판결에 한몫했음은 엄연한 사실이다. 앞에서도 이야기했지만 그때만 해도 DNA 분석이란 게 존재하지 않았다. 어느 나라에서건 잘못된 판결로 억울한 옥살이를 한 사례를 종종 볼 수 있는데, 발전된 DNA 분석은 이렇게 무고한 사람의 누명을 벗겨주는 일에도 사용된다. 이런 DNA 증거의 함정 때문에 미국에서는 결백 프로젝트Innocence Project라는 비영리기구가 생겼다. 이 프로젝트에 대해서는 3부에서 이야기할 것이다.

도시카즈가 석방될 즈음에 일본 언론에 실린 다음 기사는 과학수사에 종사하는 사람들이 새겨들을 만하다.

> 당시 완전히 정립되지 않았던 과학감정을 '절대적 증거'로 남용해온 검경 당국 및 법원의 인식과 자세에 문제는 없었는지 검증해볼 필요가 있다. 또 피의자들의 재심 청구를 기다릴 것이 아니라 검찰 당국이 나서서 DNA를 재분석할 필요가 있는 사건을 재수사해야 한다. (《산케이신문》, 2009년 5월 9일 자)

혈액형이 같다고 범인인가

요즘은 MBTI가 대세가 되었지만 예전에는 혈액형으로 성격 유형을 나누곤 했다. 물론 혈액형과 성격 유형 사이에 관계가 있다는 과학적 증거는 전혀 없다. DNA 분석이 도입되기 전에는 혈액형 분석이 과학수사의 방법으로 자주 사용되었다. 우리나라 수사 드라마의 효시인 〈수사반장〉에서도 "현장에 흘린 범인 피가 B형이야. 당신도 B형이면서 손을 다쳤고…. 이래도 아니라고 부인할 텐가?" 하면서 용의자를 몰아붙이는 장면이 많이 나왔다. 어린 나이에도 '혈액형이 같은 사람이 얼마나 많은데, 그게 어떻게 증거가 되지?' 하고 의구심을 품곤 했다.

혈액형 이야기를 좀 더 해보자. 혈액형은 적혈구의 표면에 존재하는 항원의 종류에 따라 달라진다. 쉽게 비유하자면 항원의 몸체에 붙는 두 종류의 가지가 있는데 어떤 가지가 붙느냐에 따라 A형 또는 B형이 되고, 둘 다 있으면 AB형, 가지가 없으면 O형이 된다.* 혈액형을 결정하는 정보는 9번 염색체에 존재하는데 같은 번호 염색체가 두 개이므로 혈액형 유전자는 네 종류가 아닌 여섯 종류(AA, BB, AO, BO, AB, OO)가 된다. 그런데 AO와 BO는 반쪽이긴 하지만 각각의 가지를 만들 수 있기 때문에 결과적으로 A형, B형으로 나타난다. 유전학에서 AA, BB, AO, BO, AB, OO 등은 유전자형genotype, A형, B형, AB형, O형 등은 표현형phenotype이라고 한다. 혈액형뿐만 아니라 모든 유전자에 이 개념이 적용되는데 이것은 동일한 염색체가 두 개씩 있기 때문이다. 마찬가지로 DNA 분석에서 얻는 두 개의 숫자 조합은 유전자형이 된다.

사실 혈액형을 수사에 적용하기엔 제약이 너무 많다. 가장 큰 문제가 피해자와 범인의 체액이 섞여 있는 경우다. A형 피해자와 B형 범인의 피가 섞이면 AB형으로 분석되고, O형이 범인이라면 피해자 혈액형만 나타난다. 그러니까 섞인 체액에서 나오는 혈액형은 사건 해결에 아무 도움이 안 된다.

* ABO식 혈액형을 처음 밝혀낸 사람은 오스트리아의 병리학자 카를 란트슈타이너다. 그는 이 공로로 1930년 노벨 생리의학상을 수상했다.

잘못 적용하면 오히려 혼란만 부추기는 결과가 되기 십상이다. 게다가 혈액형이 혈액 외의 다른 체액에서는 나타나지 않는 사람('비분비형'이라고 한다)도 있다. 결론적으로 혈액형 분석은 정말 문제가 많은 기법이며, 이런 이유로 요즘에는 과학수사에서 거의 사용되지 않는다.

조사에 따르면 한국인은 A형이 가장 많고, AB형이 가장 드물다. A형 34퍼센트, B형 27퍼센트, O형 28퍼센트, AB형 11퍼센트 정도다. 왜 그럴까? 그것은 우리 민족이 원시부터 애초에 가지고 있던 혈액형 분포가 그대로 이어져오고 있기 때문이다. 혈액형 분포 비율은 민족마다 다르고 또 민족이 서로 가까운 정도에 따라 비슷하게 나타난다고 한다.

1부터 4까지의 숫자가 들어 있는 주머니 예를 다시 들어보겠다. 이번에는 모두 한 장씩 든 게 아니고 1은 네 장, 2는 세 장, 3은 두 장, 4는 한 장이 들어 있다. 1-1의 조합이 나올 확률은? 16퍼센트(0.4×0.4)다. 반면에 4-4조합은 1퍼센트에 불과하다. 마찬가지로 1-2 조합은 24퍼센트(0.4×0.3×2), 3-4 조합은 4퍼센트다. 이러한 원리로 각 민족의 고유한 혈액형 분포가 정해지며 세월이 흘러도 일정한 분포를 유지하게 된다.

혈액형을 예로 들었지만 DNA 분석에 사용되는 염기서열에도 동일한 이론이 적용되어 한 집단의 유전자형 분포는 세월이 흘러도 늘 일정하게 유지된다. 이 이론을 발견한 과학자들의 이름을 따서 하디-바인베르크 평형Hardy-Weinberg equilibrium*이라고 부른다. 이 이론에 근거해 계속 설명을 이어나가보자.

앞에서 DNA 증거가 틀릴 확률을 설명하면서 0.1이란 값을 임의로 고정했지만 사실은 이와 다르다. 동일한 STR 부분에서도 그 염기서열에 따라 애초의 분포 비율이 다르고 바로 위의 방식처럼 계산이 가능하기 때문이다. 따라서 용의자가 누구냐에 따라 같은 부분을 분석해도 확률 수치는 다 다르게 나타난다. 이런 수치를 '랜덤매치확률(RMP)'이라고 한다. 예를 들어 당신의 DNA를 분석해서 얻은 RMP 값이 1억분의 1이라면 지나가는 사람 아무나 골라서 분석했을 때 당신과 같은 염기서열 숫자 조합이 나타날 확률이 1억분의 1이라는 의미다.

DNA 분석 전문가들은 이 수치를 비교적 실제와 가깝게 법정에 제시할 의무가 있고, 여기에는 통계적 방법이 사용된다. 마치 선거 출구조사처럼 표본에 대한 통계 처리를 하는 것이다. DNA 분석 전문가가 되고 싶다면 집단유전학 등 관련 주변 학문도 공부해야 한다는 사실을 잊지 않기 바란다.

사건 현장에서 채취한 체액에 두 사람의 체액이 섞여 있다

* 신성로마제국 합스부르크 가문의 많은 왕들은 턱이 돌출됐던 것으로 유명하다. 유독 이 왕가에서만 돌출 턱이 빈번히 나타난다면 하디-바인베르크 평형이 성립하지 않는 것이 아닌가. 그렇다. 하디-바인베르크 평형은 집단 내에서의 무작위 결혼이라는 전제에서만 성립한다. 합스부르크 왕가는 반복되는 근친결혼으로 돌출 턱 유전인자의 비율이 점점 높아졌다고 할 수 있다.

면 혈액형이 잘못 나올 가능성이 크다고 했는데, DNA 분석은 이런 문제에서 상대적으로 자유로운 편이다. 분석하는 부분의 염기서열 종류가 많아 여기서 가능한 프로필 숫자 조합이 훨씬 다양해지기 때문이다.

예를 들어 성폭행 사건에서 피해자와 범인의 DNA 프로필이 섞여 나왔다고 하자. 피해자가 1-2의 프로필이고 체액이 섞인 상태에서 1-2-3-4의 프로필 조합이 나타난다면, 범인은 3-4 조합을 가진 사람임을 쉽게 유추해볼 수 있다. 하지만 체액에서 1-2-3 조합이 나왔다면 문제가 좀 복잡해진다. 용의자가 2-3 프로필이라면 피해자 프로필이 1-2이므로 두 사람이 섞이면 1-2-3 프로필이 검출될 수도 있다. 하지만 용의자 외에 다른 경우는 또 없을까? 3-3 프로필을 가진 사람도, 1-3 프로필을 가진 사람도 용의선상에 올릴 수 있음을 간과해서는 안 된다. 경우의 수가 늘어나는 것이다. 당연한 얘기이지만 이런 경우 더욱 신중을 기해야 한다.

그런가 하면 여러 부분을 분석해도 일부분에서만 DNA 프로필이 검출되는 경우도 종종 있다. DNA라는 물질이 비교적 안정적이긴 하지만 증거들이 오염된 환경에 오래 방치되었을 경우 서서히 염기서열 일부가 끊어지는 분해 과정이 진행되기 때문이다. 물에 젖거나 오염이 심해 세균이 번식하면 분석하는 데 애를 먹을 수도 있고, 특히 불에 타면 그 훼손 정도가 심각해서 결과를 아예 얻지 못할 수도 있다. 그래서 증거물의 양이 적은 것은 그리 큰 문제가 되지 않지만 보존 상태는 상당히 중요한 변수가 된다. 이것은 사건 현장에서 증거를 채취하는 수사관들에게 전문성이 필요한 이유이기도 하다.

동식물이나 미생물도 DNA가 있다

2015년의 일로 기억한다. 여성의 갱년기 증상 완화에 탁월한 효과가 있다는 백수오가 선풍적인 인기를 끌던 시절인데 '가짜 백수오' 사건이 일어났다. 백수오 건강기능식품에 이엽우피소라는 식물이 섞여 있다는 것이었다. 만만치 않은 가격임에도 불구하고 많은 여성들이 복용해오던 건강식품이어서 소비자원의 고발은 비상한 관심을 불러일으켰고, 결국 수사에 이르게 되었다. 이엽우피소는 백수오와 같은 과科에 속하는 사촌격인 식물로 백수오보다 훨씬 잘 자란다. 중국에서는 일정의 약효성분이 있다고 알려져 있지만 우리나라 식약처에서는 효과가 검증된 바 없었다.

생물은 계界－문門－강綱－목目－과科－속屬－종種으로 분

류된다. 현생 인류인 호모 사피엔스라는 학명은 속명과 종명을 합쳐서 말하는 것이다. 인간과 비슷한 원숭이 종류들이 어디서 갈라지는지 아는가? 충격적이게도 영장목에서 사람과와 긴팔원숭이과로 갈라진다. 심지어 오랑우탄, 고릴라, 침팬지는 우리와 같은 사람과이고 속屬에서 갈라진다. 기분이 묘하긴 하지만 이런 분류는 DNA 염기서열 차이의 정도를 기준으로 한 것이다. 이 점에서 보면 백수오와 이엽우피소는 가까운 식물에 속한다고 할 수 있다.

수사 쟁점은 이엽우피소가 섞였다면 비율이 어느 정도인지, 그리고 제조사에서 혼입되었는지 아니면 백수오 재배 농가에서부터 혼입되었는지를 밝히는 것이었다. 그런데 소비자보호단체의 발표에서 혼입 비율이나 어느 과정에서 섞였는지에 대한 언급은 없었다. 소비자원이 사용한 PCR로 DNA를 증폭하는 방법으로는 이엽우피소 DNA의 검출 여부만을 밝힐 수 있다. 섞인 비율까지 밝히자면 염기서열을 모두 분석해야 하는데, 이는 여간 까다롭고 번거로운 과정이 아니다. 더구나 어느 단계에서 섞였는지를 밝히려면 제조 전 과정의 원료물질을 분석해야 하므로 엄청난 노력과 비용이 들 수밖에 없었다. 민간 기업이라면 비용과 편익을 따지겠지만 국가기관은 국민이 알고 싶어 하는 일이라면 끝까지 진실을 밝히고자 노력할 의무가 있다. 각 분야의 전문가로 자문단을 꾸리고 모든 팀원이 힘들고 고단한 분석 여정을 수행했던 기억이 생생하다.

사람뿐만 아니라 모든 동식물은 생명을 유지하고 종족을 보존하기 위해 DNA를 가지고 있다. 식물과 동물은 생물 분류 체계에서 계界에서 갈라지는 만큼 DNA도 아주 많이 다르다. 우선 동물은 근육 등을 사용해서 이동이 가능하지만 식물은 그렇지 못하다. 대신 식물은 빛과 물, 이산화탄소 그리고 땅속의 질소만 있으면 광합성과 질소 동화작용을 통해 필요한 기본 영양소를 만들 수 있지만, 동물은 무언가 먹지 않으면 죽는다. '사람도 광합성을 해서 먹지 않고도 살 수 있으면 얼마나 좋을까' 하는 상상을 누구나 한두 번쯤은 해보지 않았을까.

그리고 식물은 삽목을 하면 저절로 뿌리나 가지 등이 재생되어 번식하는 특징도 있다. 언뜻 보면 식물이 더 고등한 존재가 아닐까 하는 엉뚱한 생각도 든다. 또 대부분의 동물은 사람과 마찬가지로 유전체상에 같은 기능을 가진 DNA를 두 개씩 가지고 있는 반면 식물은 네 개, 여섯 개 등으로 한 세트를 이루는 경우도 많고 유전체의 크기도 동물보다 일반적으로 크다. 유전체가 크니까 더 고등한 것일까? 그렇지는 않다. 유전체를 이루는 DNA에는 의미 없는 염기서열이 매우 많다. 다시 말해 동식물은 우열이 있는 것이 아니고 특징이 다를 뿐이다.

일상생활에서 동식물이 무엇인지를 정확히 밝히는 것이 법적으로 문제가 되는 경우는 의외로 많다. 우선 같은 종 내에서 각각의 개체를 구별해야 하는 경우가 있다. 예를 들어

고가의 희귀한 난초를 도둑맞았는데 어느 날 전시장에서 똑같은 난초를 발견했다면? 그 난초의 구근 등에 대한 DNA 정보를 보관하고 있었다면 DNA 분석을 통해 내 것인지를 밝힐 수 있다. 경주용 말을 구매한 사람이 그 말이 정말 명품 종마의 후손인지 알고 싶다면 사람처럼 친자 확인 DNA 분석을 해보면 된다. 이는 같은 종 내에서intra-species 개체를 구분하는 일이다.

그런가 하면 백수오와 이엽우피소 사건의 예처럼 종 사이inter-species의 DNA 차이를 이용해 서로 같은 종인지 아닌지를 밝혀야 하는 경우도 참 많다. 진돗개가 맞는지, 한우가 맞는지, 국산 인삼이 맞는지, 숭례문 복원에 사용된 소나무가 금강송이 맞는지, 마약성 양귀비가 맞는지 등 다양하다. 이렇게 종의 종류를 밝히는 데에는 염색체나 미토콘드리아, 식물의 경우 엽록체 DNA에 존재하는 종 특이species-specific 염기서열을 분석하게 된다. 동식물의 범위가 넓은 만큼 분석의 난도 역시 높아질 수밖에 없어 고도의 전문성을 요구하는 분야다. 최근에는 많은 사건의 수사나 재판에 꼭 필요한 분야로 떠오르고 있다.

미생물이란 무엇일까? 말 그대로 아주 작은 생물을 뜻하지만 제대로 답하려면 참 복잡하고 어려운 질문이다. 미생물의 종류는 동식물과는 비교가 되지 않을 만큼 다양하다. 먹이사슬의 맨 아래에 있는 하등한 생물일수록 세대가 짧고 변이가 자주 일어나서 다양한 종이 생긴다는 것은 잘 알려진 사실이다. 또 지구상에 미생물이 자라지 않는 곳이 없다. 펄펄 끓는 유황온천에서 광물을 먹고 사는 신기한 미생물도 있다. 많은 사람이 미생물을 막연히 균이라고 말하며 바이러스와 혼동하기도 한다.

미생물의 분류를 들여다보자. 우선 바이러스가 있다. 코로나, 인플루엔자, 대상포진 바이러스 외에도 바이러스는 종류가 셀 수도 없이 많다. DNA나 RNA로 이루어진 유전체를 가지고 있지만 숙주 안에서만 복제하고 개체를 만들 수 있어서 정식 생물로 분류하기에는 애매한 점이 있다. 다음은 세균(박테리아)인데 하나의 세포로 이루어져 있지만 홀로 유전체를 복제하고 종족을 보존한다. 프로바이오틱스라고 하는 유산균이나 청국장을 띄우는 고초균 등이 그 예다. 또 세균보다는 유전체가 훨씬 크고 여러 개의 세포가 모여 균사 형태로 살아가는 진균류도 있다. 세균보다는 많이 고등한 생물로, 보통 곰팡이라 불리는 것들이다. 술이나 빵의 발효에 쓰이는 효모나 누룩, 습한 날씨에 발을 괴롭히는 무좀의 원인균도 진균의 일종이다. 식탁에 오르는 버섯도 진균류에 속한다.

수많은 질병도 그 원인이 바이러스인지 혹은 세균이나 진균인지에 따라 치료 약이 달라진다. 항생제는 세균을 죽이는 물질이어서 바이러스에 의한 감기에는 효과가 없다. 그럼에도 처방을 하는 이유는 세균이 일으키는 폐렴 같은 합병증을 막기 위함이다. 식중독도 그 원인이 세균이냐 바이러스냐에 따라 처방이 달라진다. 무좀, 질염 등에는 항생제가 아닌 항진균제를 처방한다. 참 복잡한 미생물의 세계다.

미생물이 수사나 법과학의 관심 영역이 된 것은 처음에는 생물학적 테러나 전쟁에 대응하기 위한 목적으로 종 분석법을 개발하면서부터다. 마땅한 치료제가 없던 시절 콜레라나 결핵 등은 그 자체로 무시무시한 무기였기 때문이다. 지금도 치명적인 살상 능력을 가진 탄저균은 공포의 대상이다. 원인균을 발견하고 규명하는 것이 법과학의 역할이었다.

21세기에 들어 관련 기술이 획기적으로 발전하면서 유전체를 이루는 염기서열을 엄청난 속도로 분석하는 것이 가능해졌다. 수십 개의 기관이 협력해서 천문학적 비용을 들여가며 10년 넘게 연구한 끝에 한 사람의 32억 개 염기서열을 밝혀낸 것이 2003년이다. 그로부터 불과 20년 만에 민간 기업에서 개인의 유전체를 며칠 만에 분석해서 건강에 대한 여러 예측 정보를 제공하는 일이 가능해졌다. 가히 생명과학의 혁명이라고 할 만하다.

이 기술의 또 다른 장점은 많은 종류의 생물 유전체가 섞여 있어도 동시에 분석이 가능하다는 점이다. 미생물은 어디에나 존재하지만 한 종만 있는 것이 아니고 여러 종이 모인 군집(마이크로바이옴)*으로 존재한다. 이런 미생물 연구의 가장 큰 난제를 염기서열 분석 신기술이 단번에 해결해버렸다. 여러 종의 유전체를 한꺼번에 분석해서 전체의 구성을 보는 학문을 메타유전체학metagenomics이라고 한다. 바로 메타유전체학 덕분에 미생물에 대한 법과학의 활용 범위가 대폭 넓어졌고 본격적인 발전 단계로 접어들게 되었다. 새로운 적용 범위에는 어떤 것들이 있을까?

메타유전체학을 통해 밝혀진 미생물의 세계는 매우 다채롭다. 우선 환경에 따라 서식하는 미생물의 종류가 다르고 구성비도 다르다는 것이 밝혀졌다. 예를 들어 흙도 종류에 따라 구성 원소와 입자 크기가 다르고 기후에 따라 온도와 수분 함유량이 다르기 때문에 당연히 서식하는 미생물의 종류와 분포도 차이가 날 수밖에 없다. 서식하는 미생물 간의 거리가 멀수록 종류와 분포도에 큰 차이를 보이고 거리가 가까워질수록 그 차이는 줄어든다.

강가에서 변사체가 발견된 경우 익사인지 아니면 육지에서 죽었는지의 여부나, 사체가 옮겨진 정황이 있는지 등을 미생물 분석으로 알아내기도 한다. 우선 익사라면 사체의 의류나 폐 등에서 담수에 사는 플랑크톤이나 미생물이 발견될 것이고, 사체의 이동 정황은 사체가 발견된 장소의 흙에

* 모든 생명 현상은 수많은 물질들이 복합적으로 얽혀 일어나는 것이다. 따라서 21세기에 생명과학이 발전하면서 개별적 대상을 연구하기보다는 여러 대상들 간의 상호연관성을 연구하는 학문이 각광받기 시작했다. 즉 유전자gene보다는 유전자의 집합체인 유전체genome, 단백질protein보다는 단백질체proteome, 미생물 하나보다는 미생물군집체microbiome를 연구하는 유전체학genomics, 단백질체학proteomics, 미생물군체학microbiomics 등의 학문이 생겨났다.

서 나타나는 미생물군집 분포와 비교해보면 될 일이다. 의류에서 검출된 미생물군집이 육지에서 서식하는 미생물이지만 그 장소와는 종류나 분포가 많이 다르다면 시신 이동의 가능성을 배제할 수 없을 것이다.

환경이란 용어에는 당연히 인체도 포함된다. 미국국립보건원(NIH)의 주도로 2007년부터 2016년까지 인간 미생물군 프로젝트Human Microbiome Project(HMP)라는 이름으로 인체 미생물군집에 대한 포괄적 연구가 이루어졌다. 그 결과 신체 기관과 체액에 따라 미생물군집의 양상이 다르다는 사실이 밝혀졌다.

지금은 폐지되었지만 간통죄가 있던 시절에는 간통 사건에 대한 DNA 분석을 심심찮게 수행하곤 했다. 콘돔, 휴지, 수건, 속옷 등 증거물도 매우 다양했는데 대부분 남자와 여자의 DNA가 섞여서 검출된다. DNA 분석의 정확성을 알고 있는 피의자들은 교묘한 방법으로 혐의를 벗어나려고 한다. DNA가 섞여 나온 것은 인정하지만 성행위가 아닌 여성의 유사 성행위에 의한 결과라고 주장하곤 했다. 여성의 손가락이나 침에 의해 여성 DNA가 검출된 것이라는 궁색한 변명을 늘어놓으면서 말이다. 그때만 해도 검출된 체액이 정액인지의 여부를 밝히는 분석법은 정립되어 있는 반면에 여성의 질액 여부를 밝히는 방법은 딱히 없었다. 지금은 여성의 질 내부와 다른 부분의 미생물군집은 많이 다르다는 사실이 밝혀졌다. 이제 그런 꼼수는 통하지 않는다.

미생물군집 분석을 활용하면 증거물에서 한 번만 DNA를 분리해내는 것만으로도(그 속에 사람과 미생물의 DNA가 섞여 있으므로) 그 DNA가 누구 것인지를 밝힘과 동시에 그 DNA가 어느 부위에서 나온 것인지를 동시에 밝힐 수 있다. 아직은 기술이 도입되고 발전하는 단계이긴 하지만 미생물군집 분석을 이용한 수사의 영역은 계속 늘어날 전망이다.

3부

범죄 현장 속 DNA 분석

끝까지 간다!

DNA 데이터베이스

2015년 늦가을부터 이듬해 봄까지 마산과 창원의 시민들을 불안에 떨게 한 사건이 있었다. 시민들이 즐겨 찾는 무학산에서 50대 여성이 폭행당하고 목이 졸려 살해된 사건이 일어났는데 6개월이 다 되도록 범인을 검거하지 못하고 있었던 것이다. 어느새 무학산은 사람이 다니기 무서운 길로 변해버렸다.

경찰은 최선을 다해 수사를 진행했으며, 사건 발생 닷새 만에 공개수사로 전환하고 수사본부를 꾸렸다. 사건 현장에서 피해자 유류품을 수집해 DNA 분석을 의뢰하고 6개월 동안 연인원* 8000명의 수사 인력을 투입해 인근 CCTV와 차량 블랙박스를 죄다 분석하고 인근 주민들을 상대로 탐문수사도 벌였다. 하지만 다른 기관에서 실시한 초동 DNA 분석에서 피해자의 DNA 외에 범인의 DNA 프로필은 나오지 않았다.

작은 단서라도 찾고자 피해자를 목격한 사람들을 상대로 최면수사까지 동원하고 휴대폰 기지국 위치 정보를 추적해 일부 용의자들의 동선까지 모두 파악했다. 그렇게 용의자의 범위를 계속 좁혀나간 끝에 몇 명으로 추릴 수 있게 되었다. 그리고 이들의 당일 행적 등을 조사했는데 그중 한 사람이 첫 조사에 응한 후 "영장 없이는 다음 조사에 협조하지 않겠다"라고 했다. 그 외에도 수상한 점이 있었기에 경찰은 추가 조사를 위해 검사에게 체포영장 신청을 의뢰했다.**

담당 검사는 고민에 빠졌다. 수상한 점이 있는 것은 사실이나 그렇다고 확실한 용의점이 있는 것도 아니었기 때문이다. 함부로 체포를 했다가 자칫 무고한 사람의 인권을 침해하는 결과가 될 수도 있었다. 현장을 다시 가보는 등 신중하게 고민을 거듭하던 검사는 DNA 재분석을 의뢰하기로 했다. DNA가 나오지 않았다고 해서 현장에 DNA 자체가 없다

* 예를 들어 열 명의 수사관이 100일 동안 수사 활동을 하면 1000명의 연인원이라고 한다.

** 우리나라는 체포나 구속, 수색 등을 강제로 집행할 수 있는 영장을 검사가 신청하고 판사가 발부하도록 헌법에 규정되어 있다. "체포·구속·압수 또는 수색을 할 때에는 적법한 절차에 따라 검사의 신청에 의하여 법관이 발부한 영장을 제시하여야 한다."(헌법 제12조 제3항)

는 뜻은 아니며, 많은 증거들을 바삐 분석하다가 놓쳤을 수도 있었다. 실제로 재분석을 통해 의미 있는 결과를 얻었던 사례가 종종 있었다.

결국 내가 근무하는 대검찰청 과학수사부로 시간이 촉박하다는 말과 함께 재분석 의뢰가 들어왔다. 퇴근을 반납한 채 열심히, 또 꼼꼼히 분석을 실시했다. 증거물 중에 피해자의 장갑이 있었는데 '범인과 피해자 사이에 실랑이가 벌어졌다면 장갑에 범인의 DNA가 묻지 않았을까?'라는 노련한 후배 감정관***의 제안에 장갑을 더 꼼꼼하게 분석했다. 그리고 하루 만에 얻은 결과에서 남자의 DNA가 나왔다. 그것도 장갑 여러 군데에서 말이다. 증거물의 여러 부위에서 동일한 결과를 얻는 것은 분석 결과의 신뢰성을 입증하는 좋은 방법이므로 감정관은 항상 여러 부위에서 결과를 얻기 위해 노력한다.

사건 현장 증거물에서 범인의 것으로 의심되는 DNA가 검출되면 가장 먼저 하는 일이 있다. 바로 범죄자 DNA 데이터

*** 내가 근무했던 대검찰청에서는 과학수사 업무를 담당하는 직원을 '감정관'이라 칭했다. 분석, 감식, 감정 등 여러 용어가 쓰이지만 그 의미를 명쾌하게 구분하는 기준은 없다. 대체로 분석이나 감식이 과학적 결과나 관찰한 사실을 객관적으로 나타내는 행위라고 하면, 감정은 객관적 사실을 바탕으로 입증을 요구하는 사실에 대한 최종 의견을 표시하는 행위에 가깝다. 결국 감정관의 역할은 분석 결과를 통해 감정을 하는 것으로 이해할 수 있다.

베이스에 일치하는 사람이 있는지 찾아보는 것이다. 순식간에 검색 결과가 나온다. 그 결과는 과연 무엇이었을까? 놀랍게도 장갑에서 나온 DNA 프로필과 일치하는 사람이 한 명 있었다. 그럼 체포하려는 그 용의자는? 당연히 일치하지 않았다. 즉시 담당 검사에게 이 사실을 알렸다. 무고한 사람이 체포되는 일은 막아야 했다. 검사는 해당 DNA 프로필을 가진 사람의 인적 사항을 파악해서 곧바로 새로운 용의자에 대한 조사에 착수했다. 그리고 추궁 끝에 자백을 받아냈다. 사건 발생 189일 만에 드디어 범인을 찾아낸 것이다! 무고한 사람의 혐의를 풀어주고 동시에 진범을 밝히는 데 기여한 DNA 데이터베이스의 위력을 확인하는 짜릿한 순간이었다.

이쯤에서 DNA를 비롯한 과학수사 증거 재분석의 중요성에 대해 짚고 넘어가고자 한다. 대부분의 형사사건에서 초동수사를 담당하는 기관은 검찰이 아니기에 과학수사는 검찰에 필요하지 않은 중복적인 기능이라고 이야기하는 사람들이 있다. 하지만 그렇지 않다. 기소나 재판을 위해 추가적인 과학수사 증거가 필요한 경우가 많으며 위의 사건에서 본 것처럼 처음에는 놓쳤던 증거가 재분석을 통해 나오는 경우도 종종 있다. 이 사건을 비롯해 유영철 연쇄살인 등 중요한 사건에서 스모킹건이 될 수 있는 결정적 증거를 재분석에서 찾은 사례를 나는 많이 경험했다. 첨단기술을 이용한 분석도 사람이 하는 일이라 방대한 양의 증거를 단시간에 분석하는 과정에서 놓치는 사실도 있게 마련이다. 1차 분석과 재분석은 상호보완 역할을 한다고 봐야 한다.

다시 본론으로 돌아오자. 사건의 진실은 이렇다. 거제도에 살던 범인은 구직을 위해 마산에 왔는데 오랫동안 일자리를 구하지 못하자 우울한 마음에 무학산을 올랐다. 그리고 하산하던 중 피해자를 발견하고 갑자기 성적 충동이 생겼단다. 한참을 피해자 뒤를 따라가던 범인은 인적이 드문 곳이 나오자 성폭행을 시도했다. 그런데 피해자가 소리를 지르며 반항하자 주먹과 발로 무차별 폭행하고, 자신의 얼굴을 봤으니 살려두면 안 되겠다고 생각했는지 목을 졸라 살해했다. 범인은 흙과 낙엽으로 시신을 덮은 후 달아났다. 추적을 피하기 위해 휴대폰을 부수어버렸고 이후 양산과 영천 일대를 떠돌며 두 달여 동안 도피생활을 이어갔다. 그러던 중 생활이 궁핍해지자 차량을 털다 검거되었고 절도로 유죄를 선고받고 구치소에 수감되었다. 이때 범인의 DNA가 데이터베이스에 등록되었고, 마침내 범행이 드러나게 된 것이다.

이것이 바로 범죄자 DNA 데이터베이스다. 숫자로 표기된 특정한 사람들의 DNA 프로필을 데이터베이스로 만들어 관리하다가 미제로 남았거나 미궁에 빠진 사건의 증거물에서 채취한 DNA와 비교해서 일치하는 사람이 있는지 찾아보는 국가 제도다. 모든 범죄자를 대상으로 하지는 않으며, 법이 허용하는 범위 내에서 범죄자들의 DNA 프로필을 보관하고 있다.*

2010년 DNA 데이터베이스를 처음 운영한 이래, DNA 데

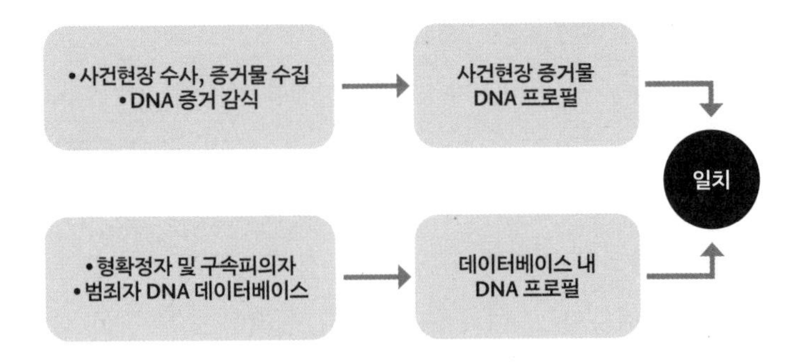

DNA 데이터베이스 확인 과정

이터베이스는 사건 해결사 역할을 톡톡히 하고 있지만, 이것의 진정한 위력은 영원히 묻혔을지도 모르는 여러 건의 미제 사건을 해결했다는 점에 있다. 32년 만에 범인이 밝혀진 화성연쇄살인사건이 대표적이다. 진범이 이런 말을 했다고 한다. "DNA를 채취한다고 했을 때 언젠가 이런 날이 올 줄 알았다."

이런 사례도 기억에 남는다. 1998년 인천 부평의 어느 공원 화장실에서 젊은 여성이 성폭행을 당하고 살해된 사건이 발생했다. 피해자의 주변 사람들 중에는 용의자가 없었고 모

* 우리나라는 '디엔에이 신원 확인 정보의 이용 및 보호에 관한 법률'(2010년 1월 최초 공포)과 그 법률의 부속 시행령에 근거해 데이터베이스를 구축해오고 있다. 어떤 범죄를 저지른 사람을 입력 대상으로 하는지는 법률 제5조와 제6조에 상세하게 규정되어 있다.

르는 사람의 범행으로 추정되었다. 유일한 단서는 피해자 몸속의 정액에서 나온 범인의 DNA 프로필뿐이었다. 딱히 용의자가 없다 보니 근처 우범자들을 대상으로 탐문수사를 벌였다. 그들의 동의를 얻어 DNA를 채취하고 분석하고 대조해보는 일이 반복되었다. 당시는 DNA 데이터베이스가 도입되기 전이었다. 한 200명 이상 비교했던 것으로 기억하는데 결국 일치하는 사람이 없었다. 경찰도 DNA 감정관들도 크게 낙담했다. 세월은 흘러갔고, 이 사건은 영구히 묻히는 듯했다.

그런데 2010년 DNA 데이터베이스가 도입되면서 당시 교도소 수형자들에 대해서도 법으로 정해진 범위의 사람들을 대상으로 DNA를 채취하기 시작했다. 어느 날 자기 차례가 된 한 수형자가 갑자기 수사관에게 고백을 하는 게 아닌가. 자신이 1998년에 부평에서 한 여성을 성폭행하고 살해했다는 사실을 말이다. 늘 마음에 죄책감과 불안이 있던 중 자신의 DNA를 채취할 시점이 다가오자 어차피 발각될 것으로 생각하고 자백한 것이다.

강력사건을 저지르는 범죄자가 가장 두려워하는 수사기법이 DNA 분석이라고 한다. 그래서 범행을 저지르면서도 어떻게 하면 DNA를 남기지 않을까 고민한다. 뛰는 놈 위에 나는 놈이 있다고, 범죄자들이 아무리 잔머리를 굴려도 "모든 접촉은 흔적을 남긴다"라는 과학수사의 진리와 함께 수사기법이 날로 발전하는 과학수사를 감당할 수는 없으리라.

범죄자 DNA 데이터베이스가 반드시 필요한 이유를 보여주는 사건이 있다. 1998년부터 2006년까지 무려 80명 가까운 부녀자를 성폭행하고 미수까지 합치면 무려 160건이 넘는, 천인공노할 범죄를 저지른 세칭 '대전 발바리'를 들어본 적이 있는가? 경찰의 수사망을 요리조리 따돌리고 계속 범행을 저지른 것에 빗대어 '발바리'라는 별명이 붙었다. 천신만고 끝에 범인을 잡기는 했으나 그동안 쏟은 경찰의 노력은 말할 것도 없고 무엇보다 불시에 끔찍한 일을 당해 씻을 수 없는 상처를 입은 피해자들을 생각하면 정말 용서할 수 없는 사건이었다. 범인은 무기징역이 확정되었다.

그런데 이 사건에는 참으로 안타까운 점이 있다. 성폭행 범죄는 특히 피해자 옷이나 몸속에 정액을 남기게 마련이어서 거의 100퍼센트 DNA 분석을 통해 범인의 DNA 프로필을 알 수 있다. 경찰은 사건이 날 때마다 분석을 의뢰해 범인의 DNA 프로필을 확보했다. 발생 지역이 비슷하고 수법도 유사해서 예상했던 대로 모든 사건에서 같은 DNA 프로필이 나왔다. 동일범이라는 명백한 증거였지만 거기서 끝이었다. 용의선상에 있는 몇몇 사람과는 DNA가 일치하지 않았고 더 이상 대조할 용의자가 없어 수사는 아주 오랫동안 난관에 부딪혔던 것이다.

이렇듯 DNA 분석이 엄청난 과학수사 기술임에도 대조할 용의자가 없으면 힘을 발휘하지 못한다. 이 문제를 바로 DNA 데이터베이스로 극복한 것이다. '대전 발바리'는 성폭행을 저지르기 이전에 이미 두 건의 특수절도 전과가 있었다. DNA 데이터베이스가 1998년 당시에도 시행되고 있었다면 그 사람은 DNA 채취 대상이었을 것이고 데이터베이스에 DNA 프로필이 입력되어 있었을 것이다. 만약 그랬다면 초기 한두 건의 성폭행에서 범인은 검거되고 더 이상의 끔찍한 범죄를 막을 수 있었을 것이다. 과거에는 이런 사건이 또 얼마나 많았을까. 이렇게 중요한 제도가 더 일찍 도입되지 않고 2010년에야 시행된 이유는 무엇일까?

DNA 분석은 미국과 유럽을 중심으로 1980년대 중후반, 혹은 1990년대 초반부터 본격적으로 사용되었다. 국내에서는 나를 포함한 전문가들이 1991년에 바로 기술 개발에 착수해, 먼저 시작한 나라들에 그리 뒤지지 않은 1992년 초에 국내 최초로 DNA 분석을 수사에 적용하기 시작했다. 돌이켜보면 국가에 필요한 일을 해냈다는 자부심과 함께 인생에서 가장 뿌듯했던 순간 중의 하나로 남아 있다. DNA 분석이 수사기관에 널리 알려지기 시작할 무렵, '사람의 DNA 프로필을 미리 알고 있다면 단서가 없는 사건도 쉽게 범인을 잡을 수 있지 않을까?' 하는 다소 엉뚱한 생각이 들었는데 자료를 찾아보았더니 나만 그런 생각을 하는 것은 아니었다. 이미 다른 사람들도 같은 고민과 노력을 하고 있었다.

영국은 1994년에 DNA 데이터베이스를 운영하기 시작했고, 미국의 경우는 1980년대 후반부터 일부 주에서 임의적으로 시행하다가 1998년에 정식으로 제도화했다. 우리나라에서는 1993년부터 논의가 시작되었지만 2010년 도입에 이르기까지 무려 18년이나 걸렸다. 그 이유는 이 제도가 특정 집단의 인권을 어느 정도 제한할 수밖에 없기 때문이다. 논의가 시작되자마자 인권단체 등이 거세게 반대했다. 사실 그간의 논란과 우려를 극복하기까지의 우여곡절을 다 얘기하자면 책 한 권을 쓰고도 모자랄 것이다. 다만 여기서 강조하고 싶은 것은 결코 포기하지 않았다는 점이다. 그만큼 국가적으로 꼭 필요하다고 생각했고 안전하게 운영할 수 있다고 확신했다. 관련 법률이 통과되던 2009년 12월 말을 잊을 수 없다. 이후 안전하고 효과적인 DNA 데이터베이스의 토대를 마련하기 위해 심혈을 기울여 준비하던 과정은 내 인생의 뿌듯한 시간으로 남아 있다.

모든 사람의 DNA를 채취하는 것도 아니고 범죄를 저지를 만한 사람을 미리 정해 채취하는 것은 분명 형평에도 어긋나고 인권 침해적인 요소가 있는 것이 사실이다. 법률 용어로 말하자면 헌법에 명시된 '과잉금지의 원칙'에 어긋난다는 논란도 있을 법하다. 하지만 모든 새로운 제도는 동전의 양면과 같다. 그로부터 얻는 이익과 침해되는 권리에 따른 손실을 비교해 도입 여부를 결정하는 것이 합리적인 생각(법학에서 '이익형량의 법칙'이라고 표현하는 개념이다)이라는 법률 이론도 있지 않은가. 법과학자의 입장에서는 손실보다 이익이 더 많다고 생각했다. DNA 데이터베이스를 도입하는 데 걸린 오랜 기간은 바로 이런 조정과 설득의 지난한 과정을 의미한다.

또 하나의 반대 논리는 DNA 채취가 프라이버시 침해적인 요소가 있고 데이터베이스에 입력된 정보가 오남용될 수 있다는 우려였다. 나는 동의하지 않는다. 우선 DNA 채취로부터 정보를 얻는다고 해서 개인의 유전정보를 갖는 것이 아니라는 점을 강조하고 싶다. 앞에서 설명했듯이 수사에 쓰이는 DNA 프로필은 사람마다 다른 0.1퍼센트의 부분을 분석한 것이고, 그마저도 극히 일부일 뿐만 아니라 이 부분은 현대 생명과학의 관점에서는 유전학적으로 어떤 정보도 지니지 않거나 아직 기능을 모르는 소위 '쓰레기(정크) DNA'에 지나지 않는다. 이 정보마저도 익명으로 관리한다. 다시 말하면 데이터베이스에는 특정인의 이름 대신 코드가 들어 있고 그 코드에 대한 DNA 프로필이 특정 숫자의 나열로 들어 있다. 이 코드에 해당하는 사람이 누구인지는 그 사건을 수사하는 사람만이 알 수 있다.

'유전자 감식 정보의 수집 및 관리에 관한 법률'과 '디엔에이 신원 확인 정보의 이용 및 보호에 관한 법률', 이 두 가지 법률명에서 어떤 차이가 느껴지는가? 전자는 2003년에 처음 국회에 제출된 법률안 제목이고, 후자는 현재의 법률명이다. 이렇게 긴 법률명이 그동안의 우여곡절을 단적으로 표현해 주는 것 아닐까? 데이터베이스에 입력되는 정보는 '유전자'가 아닌 'DNA의 일부분'을 분석한 것이고 거기서 얻는 정보도 유전정보가 아닌 단지 신원만을 확인할 수 있는 정보임을 강조한 것이 현행 법률 명칭이다. 그리고 그 정보를 수집하고 관리하는 것이 아니라 필요할 때에만 이용하면서 동시에 철저하게 보호한다는 의미를 집어넣었다. 명칭도 물론 중요하지만 가장 중요한 것은 실제로 얼마나 안전하고 효율적으로 운영하느냐일 것이다.

DNA 데이터베이스에 관한 흥미로운 일화가 있다. 서울의 한 주택가에서 부녀자 성폭행 사건이 일어났다. 범인은 흉악하게도 열린 창문을 넘어 들어가 아기와 함께 자고 있던 엄마를 성폭행하고 달아났다. 경찰은 범인이 범행 당시 깔려 있던 이불을 들고 나갔다는 피해자의 진술에 주목했다. 범인은 왜 그랬을까? 아마 이불에 흘린 정액을 통해 DNA가 분석되는 게 두려워서였을 것이다. 경찰은 범인이 이불을 주택가 근처 어딘가에 버렸을지 모른다고 생각했고, 인근 CCTV를 살펴보던 중 근처 골목 의류함에 이불을 버리는 범인을 찾아냈다. 아쉽게도 범인의 얼굴은 알아보기 어려웠지만 곧 이불을 수거해서 DNA 분석을 의뢰했다. 범인의 DNA 프로필이 검출되었고, DNA 데이터베이스에 일치하는 사람이 있는지 찾아보았다. 다행히도 일치하는 사람이 나왔다. DNA 데이터베이스 검색을 통해 일치하는 사람을 찾았을 때의 그 짜릿함은 아마 DNA 감정관들만이 누리는 특권일 것이다.

즉시 이 사실을 경찰에 알렸는데, 인적 사항을 알아본 수사관은 고개를 갸우뚱했다. 그 사람은 이미 교도소에 복역 중이었기 때문이다. 이럴 수가…. 탈옥해서 범죄를 저지른 것도 아닐 테고, 뭔가 잘못된 것이 틀림없었다. 이때 수사관이 번뜩이는 생각을 하게 된다. '일란성 쌍둥이는 DNA가 모두 같다는데….' 가계를 조사해보니 아니나 다를까 일란성 쌍둥이 형이 있었다. 쌍둥이 형의 범행 당일 행적을 조사하고 수상한 점을 추궁한 끝에 결국 자백을 받아냈다. 범인은 DNA 데이터베이스에 들어 있던 동생의 DNA 때문에 꼬리가 잡힌 것이다.

그럼 이쯤에서 DNA 데이터베이스 근거 법률은 어떤 내용을 담고 있는지 잠시 살펴보자. 채취한 DNA는 익명으로 코드화해서 누구 것인지 알지 못하게 하고 인적 사항을 확인할 수 있는 사람의 범위를 특정 부서로 한정해두었다. DNA 분석을 담당한 감정관조차 인적 사항을 전혀 알 수 없음은 물론이다. 그리고 DNA 분석은 필요한 부분만 최소한으로 한정하고 그 외의 유전정보 분석은 절대로 할 수 없으며, 어길 시의 처벌 규정도 두고 있다. 분석 후 남은 샘플은 복원이 불가하도록 폐기해야 한다.

법률을 만들 때 가장 고심했던 부분은 어떤 사람의 DNA를 채취할 것인가였다. 범위가 너무 좁으면 효과가 미미하고 너무 넓으면 인권을 침해할 소지가 있다. 데이터베이스는 오래된 미제사건들을 해결할 뿐 아니라 데이터가 입력된 사람들이 미래에 다시 범행을 저지를 경우 신속히 검거하는 데도 목적이 있으므로, 재범 가능성이 높은 사람을 대상으로 하는 것이 가장 이상적일 것이다. 하지만 그걸 어떻게 판단할 수 있겠는가. 특히 우리나라는 재범률에 관한 연구가 미미해서 도움이 되는 자료가 무척 부족하다. "바늘 도둑이 소 도둑 된다"는 속담도 있듯이 범죄도 처음에는 절도로 시작하다가 강도, 성폭행, 살인 등으로 점점 더 대담해지고 흉악해지는 경향이 있다.

아무튼 이런 고민 끝에 확정된 데이터 입력 대상의 범위를 다른 나라들과 비교해보자면 미국이나 영국보다는 많이 좁고 주요 유럽 국가들과는 비슷한 수준이다. 이 부분은 계속 연구하고 고민해서 개선해야 한다고 생각한다. DNA 데이터베이스를 도입한 지 15년 가까이 지난 지금, 애초에 우려하던 목소리보다 DNA 데이터베이스는 반드시 필요하고 효과적인 제도라고 생각하는 사람이 훨씬 많아진 것은 매우 고무적인 일이다.

안타까운 사례도 있었다. 2012년에 한 여성이 성폭행을 피하려다 칼에 찔려 살해되었다.* 범인은 현장에서 체포되었다. 이 사건이 정말 안타까운 것은 어쩌면 막을 수도 있는 살인이었기 때문이다. 전과 11범인 범인은 이미 데이터베이

* 일명 서진환 사건. 2012년 서울 중곡동의 30대 주부가 흉기로 살해된 사건으로 2023년 법원은 국가가 피해자 유족에게 손해를 배상하라는 판결을 내렸다. 서울고법은 피해자의 남편과 자녀들이 국가를 상대로 제기한 손해배상청구소송 파기 환송심에서 "국가는 피해자의 남편에게 9375만 원을, 두 자녀에게 각 5950만 원을 지급하라"며 원고 일부 승소 판결을 했다.

스에 DNA 프로필이 등록되어 있었고, 이 사건을 저지르기 13일 전에도 다른 동네에서 성폭행을 저지른 상태였다. 당시에도 DNA 분석이 의뢰되었고 여기서 범인의 DNA 프로필을 확보했다면 데이터베이스 검색을 통해 바로 범인으로 특정되어 검거되었을 것이다. 그런데 2차 살인이 발생할 때까지 1차 사건의 DNA 분석 결과가 나오지 않았다. 아마 분석해야 할 사건이 너무 많이 밀려 있었을 것이다. 우리나라는 외국 DNA 분석 전문가들이 놀랄 만큼 분석 결과를 빠르고 신속하게 내는 것으로 정평이 나 있다. 그럼에도 불구하고 이 사건은 먼저 들어온 사건을 분석하는 사이에 일어난 정말 애석한 일이 아닐 수 없다.

아무리 좋은 제도도 들여다보면 장단점이 있다. 계속해서 보완하고 개선하는 노력이 필요한 이유다. 한 가지 분명한 것은 DNA 데이터베이스 운영에 관해 감정관, 수사관 등 많은 전문가들이 모든 시민이 안전하게 살아가는 사회를 만들기 위해 사명감을 가지고 정말 열심히 업무에 임하고 있다는 점이다.

훈 할머니의 가족 찾기

미토콘드리아 DNA 분석

1997년 여름, 일제강점기 때 종군위안부로 끌려갔다가 캄보디아에 정착해 살고 있던 '훈' 할머니가 한국의 혈육을 찾았다는 사연이 전해졌다. 할머니의 원래 이름은 '이남이'였다. 꿈 많던 소녀 시절에 일본군에 의해 싱가포르로 끌려가 '하나코'라는 이름의 위안부로 지내다 캄보디아로 옮겨졌다. 제2차 세계대전이 끝나고 일본군이 철수하자 할머니는 낯선 땅에 홀로 남겨졌다. 그 후 할머니는 캄보디아 남자와 결혼해서 훈이라는 이름으로 살아가게 되었다. 그렇게 산 세월이 반세기였다. 할머니는 자신의 고향이 바다가 보이는 진동이고 어릴 적 이름이 '나미'라는 것만 기억하고 있었다.

할머니의 사연이 한국 언론을 통해 알려지게 된 것은 늘 가족을 그리워하는 할머니의 마음을 잘 알고 있던 손녀가 캄보디아에서 사업을 하는 한국인에게 부탁하면서였다. 그러나 희미한 기억만으로는 고향과 혈육을 찾기가 어려웠다. 그야말로 서울에서 김 서방 찾기였다.

급기야 어떤 언론에서는 훈 할머니가 한국인이 아닐 수 있다는 추측을 내놓기도 했으며, 외교부도 일제강점기와 연관된 일이라 신중한 태도를 보였다. 그러던 중 한 언론사가 할머니의 사연에 관심을 가지고 적극적인 취재에 나섰다. 그리고 대검찰청으로 혈연관계 확인 분석을 해줄 수 있는지 문의해왔다. 훈 할머니를 잠시 귀국하게 해서 가족을 찾을 예정이니 혈육이 맞는지 유전자 감식(당시에는 DNA 분석을 '유전자 감식'이라고 했다)을 해달라는 것이었다.

막중한 사명감으로 덜컥 일을 맡기는 했으나 걱정거리가 바로 머릿속에 떠올랐다. 우선 할머니가 고령이라 부모가 생존해 계실 리 없고, 살아 있는 가족은 남매나 자매 정도일 것이기 때문이다. STR 부분을 분석하는 통상적인 DNA 분석으로 부모-자식 간의 혈연은 오류율 0에 가깝게 판단할 수 있지만 형제자매간에는 DNA가 비슷하기는 하지만 다른 부분도 많아 단정적으로 말하기가 어렵기 때문이다.

무언가 다른 시도가 필요했다. 고민 끝에 당시 미국이나 영국 등 일부 국가에서 사용하던 '미토콘드리아 DNA 분석'을 국내에서 처음으로 시도하기로 했다. 훈 할머니가 귀국한 후 1차로 추정되는 가족과 DNA를 비교하는 작업을 시작했다. 결과는 '혈연관계 없음'이었다. 모두가 낙담했다. 탐문을 통해 후보자를 더 찾아나섰고 2차로 지목된 한 할머니와 비교한 결과 드디어 '자매 관계(동일 모계)가 성립한다'는 가슴 벅찬 결과를 얻기에 이르렀다. 얼마나 보람을 느꼈는지 모른다. 모든 언론에서 앞다투어 눈물겨운 상봉 장면을 대서특필했고, 훈 할머니는 이듬해 한국 국적을 취득했다. 이후에는 캄보디아로 돌아가서 가족과 여생을 보내시다 2001년에 생을 마감하셨다. 그래도 여전히 그분을 기억하고 추모하는 가족이 한국에 있다는 사실에 감사한 마음이 든다.

훈 할머니의 혈연을 확인하는 데 사용했던 미토콘드리아 DNA 분석에 대해 간단히 살펴보자. 앞에서 DNA를 보석 목걸이에 비유하면서 23개의 목걸이(염색체) 쌍으로 존재한다고 했던 이야기를 기억하는가? 이 염색체들은 세포 안 '핵'이라는 곳에 들어 있다. 참고로 고등동물의 세포는 세포막으로 둘러싸여 있고 그 안에 또 핵막이 있어 핵막 안쪽의 핵과 바깥쪽의 세포질로 구분된다. 세포질에도 매우 짧은 DNA가 존재하는데 인간의 경우 총 길이가 1만 6500여 개의 염기서열밖에 안 되니 32억 염기쌍으로 이루어진 염색체에 비하면 엄청 짧다고 볼 수 있다. 이 짧은 DNA는 세포질 안에 있는 미토콘드리아라는 작은 기관에 들어 있고, 세포 내에서 마치 발전소 같은 역할을 한다. 사람은 몸속에서 만들어지는 ATP라는 물질을 분해해서 얻어지는 에너지로 살아가는데, 미토콘드리아가 바로 이 ATP가 만들어지는 장소이고 여기에 들어 있는 DNA는 이에 필요한 많은 정보를 가지고 있다. 작지만 매우 중요한 역할을 하는 것이다.

미토콘드리아 DNA의 가장 큰 특징은 엄마에게서 자식으로 전달되는 '모계 유전'이라는 사실이다. 사람의 탄생이 난자와 정자가 결합한 수정란에서 시작된다는 것은 누구나 아는 사실이다. 난자는 다소 크기는 하지만 보통 세포처럼 그 안에 미토콘드리아를 가지고 있다. 머리와 허리, 꼬리로 이루어진 정자는 전력으로 질주해 난자까지 도달한다. 이때 정자에서 핵이 포함된 머리 부분만 난자 속으로 들어가게 된다. 허리 부분에 들어 있던 미토콘드리아는 정자가 헤엄치는 에너지를 제공한 후 난자에 들어가지 못하고 생을 마감하게 된다. 그래서 수정란에는 엄마의 미토콘드리아만 있게 되고, 이것이 후손에게 그대로 전달되는 것이다.

그럼 나와 같은 미토콘드리아를 가진 사람은 누구일까? 엄마 외에 외할머니, 외삼촌, 이모, 이종사촌 등 동일 모계 혈족이다. 바로 이 점에 근거해 훈 할머니와 자매의 혈족관계를 확인할 수 있었다. 그럼 동일 모계이면 먼 혈족이어도 미토콘드리아 DNA가 같을까? 만일 그렇다면 미토콘드리아 DNA는 전 세계에 걸쳐 그 종류가 많지 않고 단지 몇 가지 그룹만 존재할 것이다. 그런데 실제로 미토콘드리아 DNA는 예상외로 다양하고 민족별로 다양성의 패턴이 많이 다르다. DNA는 자손에게 전달되면서 가끔 염기의 서열이 달라지는 '변이'가 일어나는데 세대를 거듭할수록 변이가 축적될 확률이 높아지고, 이런 변이가 오래 축적되다 보면 같은 모계라도 사뭇 다른 미토콘드리아 DNA를 가지게 된다.

참고로 민족별로 각기 다른 미토콘드리아 DNA 변이를 분석해서 연관성을 연구하는 진화생물학자들은 인류의 공통 조상이 될 수 있는 소위 '미토콘드리아 이브'가 아프리카에서 갈라져 나와서 현재의 다양한 민족에 이르렀다고 보고 있다.*

또 다른 특징은 한 염색체가 세포 하나에 한 개씩만 존재하는 데에 비해 미토콘드리아는 세포 하나에 수백 개가 들어 있다는 것이다. 이 점이 법과학적인 측면에서는 매우 중요하다. 세포당 개수도 많고 DNA 자체가 작으니 PCR도 잘되므로 일반적인 염색체 DNA 분석이 불가능한 경우에도 결과가 잘 나온다는 장점이 있다. 모근이 없는 머리카락에서도 미토콘드리아 DNA 분석이 가능한 경우도 있고, 특히 오래된 유골에서 분석 결과가 비교적 잘 나온다. 수천 년 된 미라일지라도 분석이 가능한 경우도 보고되고 있다.

이러한 장점들로 고고학에서 많이 활용하고 있을 뿐만 아니라 전사자나 학살 피해자 유골의 신원을 확인하는 사업에도 요긴하게 사용되고 있다. 국내에서도 한국전쟁 전사자 유

* 만일 DNA 염기의 변이가 전혀 없다면 현생 인류는 모두 최초의 어머니인 미토콘드리아 이브와 동일한 미토콘드리아 DNA를 가지고 있을 것이다.

해 발굴 신원 확인 사업에 지속적으로 적용되고 있는 기술이고, 제주 4·3사건과 같은 뼈아픈 역사의 현장에서 진실을 밝히는 역할도 기대할 수 있다. 세계적으로는 미국이 베트남 전쟁에서 전사한 미군의 신원 확인을 위해 미토콘드리아 DNA 분석 기술을 오랫동안 발전시켜왔다. 유고슬라비아 내전 중 보스니아에서 이슬람교도 2만 명 이상이 희생된 스레브레니차 집단학살의 피해자 신원 확인에서는 이 기술이 정말 큰 역할을 하기도 했다. 공산당 혁명정부에 의해 처형된 러시아의 마지막 황제 니콜라이 2세와 그 가족들의 유골을 이 기술로 찾아낸 것은 유명한 사례다. 안중근 의사도 어디에 묻혔는지만 알면 유해를 발굴해서 신원 확인이 가능할 것이다.

DNA 분석의 다양한 기술이 하루가 다르게 발전하면서 미토콘드리아 DNA 분석의 비중이 줄어들고 있는 것이 사실이다. 특히 가까운 모계 혈족은 미토콘드리아가 같다는 점 때문에 범인을 지목하는 증거로는 잘 쓰이지 않는다. 그렇지만 역사적 사건 현장에서는 미토콘드리아 DNA 분석이 진실을 가려내는 데 여전히 중요한 역할을 하고 있다.

법과학자들의 골칫거리

Y염색체 분석

미토콘드리아 DNA는 동일 모계로 대물림되는 엄마의 유산이라고 했다. 그럼 부계로만 물려받는 것은 없을까? 있다. 바로 Y염색체다. 다른 점이 있다면 미토콘드리아 DNA는 아들딸 가리지 않고 엄마에게서 물려받지만, Y염색체는 아들만 아버지에게서 물려받는다는 점이다. 딸에게는 Y염색체가 없기 때문이다. 여자는 X염색체 두 개, 남자는 X염색체와 Y염색체 하나씩을 성염색체로 가지고 있다. 사실 Y염색체는 23개 염색체 종류에서 매우 작은 염색체에 속해서 들어 있는 유전정보도 많지 않은데, 남성의 성징이 유독 강한 사람들 중에는 Y염색체가 두 개인 비정상 염색체 질환을 가진 경우도 있다고 하니 참 신비하기도 하다.

아무튼 Y염색체는 남자만 하나씩 가지고 있는 염색체로 부계를 따라 대물림된다. 부계 성씨를 따르는 우리나라에서는 가문의 상징이 되는 셈이라고 할까. 이래서 동성동본인 사람들은 모두 Y염색체가 같을 것이라고 생각할 수 있는데 실상은 그렇지 않다. 조상 어디에선가 다른 부계의 씨가 섞여 들어와(?) 통째로 전혀 다른 Y염색체로 바뀌는 경우도 있고, 그렇지 않더라도 대물림을 하는 동안 염기변이를 통해 달라지기 때문에 같은 성씨 내에도 조금씩 다른 다양한 Y염색체들이 존재한다. 그럼에도 동일 부계는 다른 부계에 비해 Y염색체가 많이 비슷한 것이 사실이므로 이런 특성을 인종이나 민족 간의 유전적 연관성을 밝히는 연구에 이용하기도 한다. 학술적으로 큰 의미를 부여할 가치는 없지만 몽골 민족에게서 흔한 Y염색체 DNA 프로필이 유럽과 아시아 전체에 걸쳐 골고루 발견된다고 한다.*

법과학에서는 Y염색체 분석법을 자주 활용한다. 그런데 이 방법은 DNA 감정관에게는 고맙기도 하면서 동시에 골치 아픈 존재다. 고마운 이유는 이 분석법이 증거에 여성 피해자와 범인의 DNA가 섞인 성폭행 사건에서 위력을 발휘하

* 중앙아시아 남성의 8퍼센트, 그리고 전 세계 남성의 0.5퍼센트는 몽골제국 칭기즈칸의 Y염색체를 물려받았다고 추정된다. 세계 인구가 80억 명에 육박하는 걸 감안한다면, 칭기즈칸의 Y염색체가 섞인 남성이 4000만 명가량 된다는 얘기다. 〈한국일보〉, 2023년 10월 11일 자.

기 때문이다. 피해자(여성)의 DNA가 대부분이고 범인(남성)의 DNA는 아주 미량만 섞여 있는 증거에서 Y염색체가 아닌 일반 염색체 DNA를 분석하면 범인의 DNA형을 구분하기 어렵고, 때로는 아예 피해자의 DNA만 있는 것처럼 보인다.* 이 경우 Y염색체를 분석하면 범인의 Y염색체 DNA 프로필만 종종 검출되어 용의자와 비교할 수 있다. 물에 빠진 사람이 지푸라기라도 잡으려 하는 것 같은 심정에서 최종적으로 시도하게 된다. 또한 결과를 잘 분석하면 범인의 조상, 민족 계통 등을 추정해서 용의자의 범위를 좁혀나갈 수도 있다. 다음 사건을 보자.

1999년 늦은 봄, 네덜란드의 마리아네 바트스트라라는 열여섯 살 소녀가 파티에 갔다가 자전거를 타고 귀가하던 중 살해되었다. 발견된 시신에는 강간의 흔적과 함께 목에서는 잔인하게 칼로 그은 깊은 상처가 있었다. 피해자 몸에서 나온 정액에서 DNA가 검출되었지만 떠오르는 용의자가 없는 상태였기 때문에 별 소용이 없었다. 목격자도 없었고, 범죄자 DNA 데이터베이스에도 일치하는 사람이 없어 수사는 미궁으로 빠져들고 말았다.

목을 긋는 범행 수법이 이슬람 테러와 비슷해 인근의 이슬

* PCR 분석을 거치면 DNA가 섞인 원래의 혼합 비율은 변하지 않더라도 양적 차이는 계속 커지게 되므로 minor DNA는 major DNA에 가려져 분석 결과에 나타나지 않기 때문이다.

람계 난민 150여 명으로부터 임의 동의를 얻어 DNA 프로필을 대조했지만 일치하는 사람이 없었다. 하지만 인근 주민들은 여전히 이슬람계 난민을 의심했기 때문에 경찰은 범인이 어느 민족 계통인지를 우선 추정해야 하는 처지에 놓였다. 네덜란드 경찰은 레이던대학교에 있는 전문가에게 당시에는 매우 생소했던 민족 추정 기술을 의뢰했고, 범인이 북유럽계나 서유럽계로 추정된다는 결과를 얻었다. 경찰은 범인이 이슬람계 난민이 아닌 인근에 사는 네덜란드 시민이라는 심증을 가지고 수사 방향을 바꾸게 된다. 하지만 거기까지였다. 당시 네덜란드는 Y염색체 분석을 통해 민족을 추정하고 이를 수사에 이용하는 것을 법률로 허용하고 있지 않았기 때문이다.

이 사건이 해결된 것은 관련 법률이 입법되고 나서였는데, 사건 발생 14년 만인 2013년이었다. 재수사에 착수한 경찰은 사건 발생 장소 5킬로미터 이내에 거주하는 7600여 명의 남성들에게 동의를 얻어 DNA를 채취한 다음 Y염색체를 분석해나갔다. 얼마 지나지 않아 한 성씨의 Y염색체가 범인의 정액에서 나온 것과 일치하는 것으로 드러났는데, 이 성씨는 네덜란드 전역에는 많지 않지만 유독 이 사건이 발생한 지역에 많이 모여 사는 것으로 확인되었다. 이렇게 해서 용의자의 범위가 좁혀졌다. 이 성씨를 대상으로 집중적인 탐문수사를 벌인 결과 사건 발생 지역에서 2.5킬로미터 떨어진 곳에 거주하는 야스퍼 S.라는 사람을 용의자로 지목했다. 추가적으로 일반 염색체 DNA 분석 결과 모든 DNA 프로필이 범인의 정액과 일치했다. 드디어 범인을 잡은 것이다. 범인을 검거하기까지 사용된 모든 기술은 네덜란드 법정에서 증거능력을 인정받았으며, 범인은 징역 18년을 선고받았다.

이 사례를 보면 네덜란드 법과학자와 경찰의 집념도 대단하지만 새로운 것을 적극적으로 받아들이는 정부의 유연성과 개방성에도 감탄하게 된다. 우리나라의 법률에는 DNA 분석을 이용해 민족이나 성씨 등을 추정하는 것과 관련된 조항이 아예 없는데, 이는 반대 해석을 하면 금지된 것으로 유추할 수 있다. 따라서 장기 미제사건에 대해 이런 기술을 사용해 DNA 증거를 제출한다면 법정에서 논란이 될 것으로 예상된다. 사실 우리나라도 Y염색체 DNA를 이용한 민족이나 성씨의 추정, 더 나아가 새로운 기술을 이용한 연령, 외모 추정에 대한 연구가 상당히 축적되어 있고 실용 가능한 수준으로 진보하고 있다. 새로운 DNA 분석 기술을 수사에 적극 활용할 수 있도록 국가가 관심을 가지고 논의할 때가 되지 않았나 생각한다.

이렇듯 쓸모 있어 보이는 Y염색체 분석 기술이 법과학자들에게 골치 아픈 이유는 무엇일까? 2004년 여름 어느 날 새벽, 거제도의 국도변 풀숲에서 한 여성의 시신이 발견되었다. 흉기로 30여 군데나 찔렸지만 부패가 심한 상태는 아니어서 곧 신원이 확인되었다. 경찰은 곧바로 수사에 착수했다. 피해자는 발견되기 사흘 전 친구들과 술을 마시다가 자정쯤에 헤어졌고 친구들한테는 택시를 타고 집에 간다고 했다. 이 사건에서 사흘 만에 시신이 발견되어 바로 신원을 확인할 수 있었던 것은 다행스러운 일이다. 날씨가 덥고 습한 여름날에는 시신이 빨리 부패해 자칫 지문을 채취하는 것이 어려울 수 있다.

잠시 지문에 대해 이야기하자면 우리나라는 17세 이상의 모든 국민의 지문이 등록되어 있어 지문 검색을 통해 신원을 쉽게 확인할 수 있다. DNA 분석은 부패가 심해도 충분히 분석 가능한 장점이 있긴 하지만 전 국민의 DNA 프로필이 등록된 것은 아니라서 시신의 신원 확인에는 사용할 수 없다. 사실 전 국민의 지문이 등록된 나라는 거의 없다. 그래서 다른 나라에서는 시신의 신원을 밝히는 데만도 애를 먹는 경우가 허다하다. 대형 참사가 발생했을 때 신원 확인에 유용하게 쓰이는 것이 DNA와 지문이다. 특히 지문 감식이 DNA 분석보다 빠르기 때문에 신원을 신속하게 확인할 수 있다. 2014년 세월호 침몰 사고에서도 지문 감식이 1차 신원 확인의 용도로, DNA 분석은 최종 확인의 용도로 이용되었다. 물론 전 국민 지문 등록이 인권 침해라는 비판도 있지만, 이런 순기능도 있기 때문에 동전의 양면을 다 살펴야 할 것이다.

다시 사건으로 돌아와서, 시신이 발견된 장소는 피해자의 집과 그리 멀지 않은 곳이어서 택시를 타고 가다 변을 당한 것으로 추정되었다. 부검을 하고 피해자의 몸속에서 체액도 채취해서 DNA를 분석했지만 피해자의 DNA 외에 다른 남성의 DNA는 검출되지 않았다. 따라서 성폭행의 흔적은 발견하지 못했다. 친구들의 증언에 따르면 당시 피해자는 40만 원 정도를 가지고 있었다고 하는데 돈이 발견되지 않아 강도 살인의 가능성도 있었다. 탐문수사를 열심히 했지만 지인 중에 특별한 용의점이 있는 사람도 없고 사건의 단서가 될 만한 점도 마땅히 없어 수사는 난항에 빠져버렸다.

이때 작은 단서 하나가 나타났다. 성폭행 사건이나 변사 사건을 수사할 때에는 일반적으로 피해자의 손톱도 채취한다. 실랑이를 벌이다 범인의 혈액이나 피부 조각이 피해자의 손톱 사이에 끼어 들어갈 수 있는 점에 착안한 것이다. 바로 여기서 남성의 DNA가 검출되었다. 그런데 아쉽게도 일반적인 염색체 DNA 분석에서는 피해자 DNA만 검출되고 오로지 Y염색체 DNA 분석에서만 남성의 DNA를 얻을 수 있었다. 아쉬운 점이 많은 제한된 정보였지만 이 Y염색체 DNA 프로필의 주인을 찾는 일이 유일한 단서가 되는 상황이었다. 사건 정황으로 추측했을 때 범인은 택시 기사일 가능성이 높다고 판단한 수사팀은 택시 기사들을 대상으로 Y염색체 DNA 분석을 시도했다. 섬이라는 특수성으로 택시 기사의 수가 많지 않았기에 이들의 DNA를 모두 분석한 결과, 피해자 손톱에서 검출된 DNA 프로필과 일치하는 사람이 딱 한 명 있었다(그를 '홍길동'이라 부르겠다).

홍길동의 신병을 확보해 조사해보니 마침 범행과 부합하는 몇 가지 용의점이 발견되었다. 우선 홍길동은 추정되는 사건 발생 시각에 피해자의 동선 근처를 운행 중이었으며, 이 시간대의 알리바이를 기억해내지 못했다. 무엇보다 의심스러운 정황은 사건 당일에 하루 벌이치고는 꽤 많은 돈을 가지고 있었다는 점이다. 사건 발생 다음 날에 그동안 미루어왔던 접촉사고 배상금, 밀린 사납금 등을 현금으로 지불하고 아내에게도 생활비를 주었다. 더구나 그의 오른팔에는 누군가에게 물린 흔적도 있었다. 하지만 홍길동의 소지품과 집을 수색한 결과 범행에 쓰인 흉기라든가 피해자의 DNA를 검출할 수 있는 추가 증거는 찾을 수 없었다. 홍길동은 결국 Y염색체 DNA 분석 결과와 추가로 발견된 정황을 토대로 기소되어 재판에 넘겨졌다. 결론부터 얘기하자면 1심에서 무기징역을 선고받았다가 2심에서 무죄로 뒤집어졌고 대법원에서 무죄가 확정되었으니 그로서는 지옥과 천국을 오고 간 셈이다.

이렇게 판결이 엇갈렸던 이유는 무엇일까? 판결문을 보면 다른 이유도 있었지만 주된 요지는 Y염색체 분석 결과의 증명력을 1심은 인정한 것이고, 항소심과 대법원은 배척했던 것이다. 항소심 재판 과정에서는 Y염색체 분석 결과의 신뢰도에 대해 내가 법정에 증인으로 출석해 전문가로서의 견해를 제시했다. Y염색체가 동일 부계에서는 이론상 모두 같다고는 하나 촌수가 멀어질수록 변이가 쌓이므로 먼 부계 친척이 동일한 Y염색체 DNA 프로필을 가질 확률은 크지 않다는 취지로 얘기했다. 실제로 홍길동의 가까운 부계 친척 중 거제도에 살고 있는 사람은 없었다. 하지만 판사가 궁금해하는 신뢰도에 대한 확률을 수치로 대답하지는 못했다. Y염색체 DNA 분석은 그 특성상 앞서 설명했던 랜덤매치확률을 계산하는 것이 불가능하기 때문이다(116쪽 참고).* 바로 이 점이 DNA 법과학자들이 골치 아파하는 Y염색체 DNA 분석의 한계점이다.

이에 대해 나는 연구 논문을 예로 들며 300명의 한국인을 대상으로 한 Y염색체 학술 연구 결과에서 홍길동의 Y염색체 DNA 프로필과 같은 사람은 하나도 없었고, 또한 전 세계인 5000명 이상을 대상으로 한 Y염색체 연구 학술 데이터베이스에도 홍길동과 동일한 DNA형은 없었다고, 피해자 손톱에서 검출된 DNA가 홍길동의 것일 개연성이 매우 크다고 진술했다.

하지만 항소심 재판부는 동일 부계는 이론상 같은 Y염색체 DNA 프로필을 지닌다는 사실에 무게를 두어 "손톱에서

* 랜덤매치확률을 설명할 때 예로 들었던 주머니 속의 1부터 4까지의 숫자 카드 개념이 Y염색체에서는 성립하지 않는다. 이 경우엔 숫자를 꺼내고 다시 집어넣는 수학의 '독립사건'이 아니라 1-1-2-4처럼 일련의 숫자가 연관되어 쓰인 카드가 주머니에 든 경우에 비유할 수 있다. 이것은 Y염색체가 하나만 존재하고 자손에게 그대로 물려주기 때문이다. 결국 Y염색체상의 모든 DNA 정보는 연결되어 행동하는데, 유전학적으로 이런 특징을 '연관linkage'이라고 하며, 이렇게 나타난 Y염색체의 DNA 프로필을 'Y하플로타입'이라고 부른다.

발견된 DNA가 홍길동의 것일 가능성을 배제할 수는 없지만 유죄를 확신할 만한 수준까지는 이르지 못한다"고 보았던 것이다. 이 재판 결과는 지금도 Y염색체 분석 증거가 논란이 되는 사건에 자주 인용되는 판례로 남아 있다.**

그로부터 10년 정도 후인 2013년에 발생한 한 사건에서는 비슷한 쟁점이었지만 Y염색체 DNA 증거가 유죄 입증의 증거로 받아들여졌다. 집에 몰래 침입해 피해자의 몸을 결박하고 강간한 후 현금을 강취해서 달아난 사건이었다. 수사 끝에 범인은 검거되었다. 당시에 피해자 몸속에서 채취한 정액에서도 Y염색체 DNA 프로필만 검출되었는데, 이 용의자의 변호인 측은 범행을 부인하면서 종전의 판례를 들어 Y염색체는 동일 부계를 확인하는 보조적 수단에 불과하다고 항변했다.

그러나 이 사건에서는 1심부터 대법원까지 모두 피의자의 유죄를 인정했다. "동일 부계라 하더라도 가까운 친척이 아니고는 실제로 Y염색체가 같을 확률은 작으며 이 검사법은 이미 국제적으로 그 신뢰도가 공인된 것으로 함부로 배척해서는 안 된다"는 취지였다. 10년 만에 Y염색체 증거를 보는 눈이 달라진 것이다.

** 관심 있는 독자들을 위해 판결문 번호를 기재한다. 창원지법 2004고합119(2005. 4.), 부산고등 2005노215 (2005. 7.), 대법원 2005도6115(2006. 7.).

이렇듯 DNA 분석은 계속 진화하고 있지만 Y염색체 증거를 평가하는 일관된 잣대는 아직 없는 듯하다. 이 판결에서 유죄 인정의 취지로 인용한 위의 판결문 일부도 2004년 사건 때 내가 증인으로 출석해서 했던 증언의 주요 내용인 것으로 보아 전문가 증언이 판결에 미치는 영향력을 새삼 느끼게 된다. 나는 DNA 분석 기술의 발전을 위해서도 노력해왔지만 법정과 과학 사이의 간극을 좁히는 일이 무척 중요하다고 여겼고 오랫동안 이를 위해 노력해왔다. 이 사례들에서 보듯, 빠르게 진보하거나 새로운 분야로 떠오르는 법과학 증거들에 대한 합리적 판단 기준을 세우기 위해 법과학자들과 법조인들이 머리를 맞대 방안을 마련해야 하지 않을까.

발가락이 닮았다

친자 확인

학창시절에 김동인 작가의 단편소설 〈발가락이 닮았다〉를 읽은 적이 있다. 방탕한 생활로 생식능력을 잃은 남자는 결혼 후 태어난 아기가 자신의 친자일 리가 없다는 것을 알면서도 어디 한 군데라도 닮은 곳을 찾으려고 한다. 결국 가운데 발가락이 제일 긴 모습이 자신을 쏙 닮았다는 것을 발견한 그는 의사인 친구에게 아기가 자기 핏줄이라고 우긴다. 그런 무능한 지식인의 모습에서 지성의 무력함과 애잔함을 느꼈던 게 기억난다. 요즘처럼 친자 확인 DNA 검사가 있었다면 그는 친자 확인을 했을까? 아마도 그러지 않았을 것 같다.

막장 드라마에 단골로 등장하는 소재인 친자 확인은 우리에게 아주 친숙한 용어가 되었다. 실제로 친자 확인을 수행하는 많은 민간업체가 성업 중이기도 하다. 다문화 사회가 되면서 외국인이 한국 국적을 신청할 때도 친자 확인이 필수이기 때문에 수요는 더욱 늘어나고 있는 실정이다. 법적인 문제와 관련해서는 주로 민사나 가사 재판에서 혈육관계를 확인하는 용도로 사용된다. 상속 문제로 아주 돈 많은 집안의 혈육임을 입증하는 소송도 가끔 있는데, 이런 경우는 막강한 법률 대리인들이 신경을 아주 많이 쓴다. 더구나 친부모인 혈육이 사망한 경우에는 문제가 훨씬 복잡하다. 정말 중요한 사안에서는 고인의 유골의 DNA를 분석하는 것도 불사할 정도라고 한다.

이런 소송에서 친자 확인은 법원의 명령으로 이루어지곤 하지만 배우자의 불륜을 의심해 사적으로 의뢰하는 경우도 많다. 머리카락 몇 올이나 사용하던 칫솔만으로도 검사가 가능하니 말이다. 그런데 이렇게 얻은 결과는 궁금증을 해결할 수는 있어도 법정에서 증거로 온전히 쓰이는 데는 문제가 있을지도 모른다. 우선 의뢰인이 제출한 샘플이 대상자의 것이라는 보장이 없을 뿐 아니라 무엇보다 몰래 채취한 것이기에 법적 효력에는 문제가 있을 수 있다.

친자 확인을 목적으로 한 DNA 분석은 대부분 민사상의 문제를 다룰 때 시행하지만 가끔은 형사사건을 해결하는 데 필요한 경우도 있다. 특히 지적 장애인을 상대로 한 성폭행 사건에서 증거를 확보하기 위해 태어난 아기의 DNA를 분석하는 경우가 있다. 성폭행 피의자의 자녀임을 입증하기 위해서다. 그때 참으로 착잡하고 괴로웠던 기억이 난다. 큰 비극으로 남은 세월호 침몰 사건에서도 주요 관련인인 한 기업가가 부패한 시신으로 발견되었을 때 아들의 DNA와 비교해 신원을 확인하기도 했다.

친자 확인에 이목이 집중된 예로 빼놓을 수 없는 사건이 있다. 국립과학수사연구원에서 DNA 분석을 맡았던 '서래마을 영아살해사건'은 한국 DNA 분석의 높은 수준을 국제적으로 널리 알린 계기가 되었다. 베로니크 쿠르조라는 프랑스 여성이 자신이 낳은 두 영아를 살해해 냉동고에 보관한 사건이다. 우리나라는 물론 프랑스에서도 엄청난 충격을 주었다. "악마에 시달린 수줍은 젊은 여인"(〈르 피가로〉), "그녀는 괴물이다"(〈프랑스 수아르〉) 등등 프랑스 언론도 대대적으로 이 사건을 보도했다. 초기에 완강하게 부인하던 그녀는 한국의 신속하고 정확한 DNA 분석 결과 앞에서 범행을 시인할 수밖에 없었다.

사건의 전말은 이렇다. 2006년 7월, 서래마을에 거주하며 한국 회사를 다니던 장 루이 쿠르조는 아내와 함께 프랑스로 휴가차 출국했다가 회사 일로 잠시 혼자 귀국했다. 그는 냉장고를 정리하던 중 냉동실에서 검정 비닐봉지에 싸인 갓난아기 시신 두 구를 발견하고는 소스라치게 놀라 경찰에 신고했다. 그 아기들이 자신의 아이일 것이라고는 꿈에도 생각하지 못한 그는 자신의 DNA를 자발적으로 채취해 경찰에 제출한 뒤 다시 프랑스로 출국했다.

이틀 후 충격적인 사실이 발표된다. 영아 시신들로부터 채취한 DNA와 장 루이의 DNA를 비교한 결과 그가 아기들의 아버지임이 명백하게 밝혀졌기 때문이다. 게다가 두 아기는 미토콘드리아 DNA도 같아 동일 모계임이 밝혀졌으며, 두 아기의 DNA가 서로 달라 적어도 일란성 쌍둥이는 아닌 것으로 판단되었다.

이제 아기들의 엄마가 누구인지 밝히는 일만 남았다. 물론 아내인 베로니크가 엄마로 추정되는 상황이었지만 진실을 입증하는 증거를 찾는 것이 법과학의 역할이 아니던가. 하지만 당시 그녀는 프랑스에 있었기 때문에 DNA를 채취할 수 없었다. 그래도 방법은 있었다. 집에서 칫솔, 귀이개 등을 수거해 그녀의 DNA를 추출한 다음 아기들의 DNA와 비교해 본 것이다. 예측한 대로 칫솔의 주인과 장 루이, 그리고 아기들 간에는 정확한 친자관계가 성립했다. 하지만 한 가지 문제가 여전히 남아 있었다. 칫솔 등에서 나온 DNA가 베로니크의 것이라는 확실한 증거가 없었다. 고심하던 경찰은 그녀가 국내 병원에서 수술을 받은 적이 있다는 사실을 알아내고 해당 병원에서 적출 조직을 전달받은 다음 칫솔 등에서 검출된 DNA와 비교해 베로니크의 것임을 확증했다. 비로소 하나의 퍼즐이 완성된 것이다.

그런데 돌발 상황이 벌어졌다. 쿠르조 부부는 프랑스 언론을 통해 영아 시신들은 자기 부부의 아기들이 아니라고 강력하게 부인하며 한국으로 돌아가지 않겠다고 선언한 것이다.

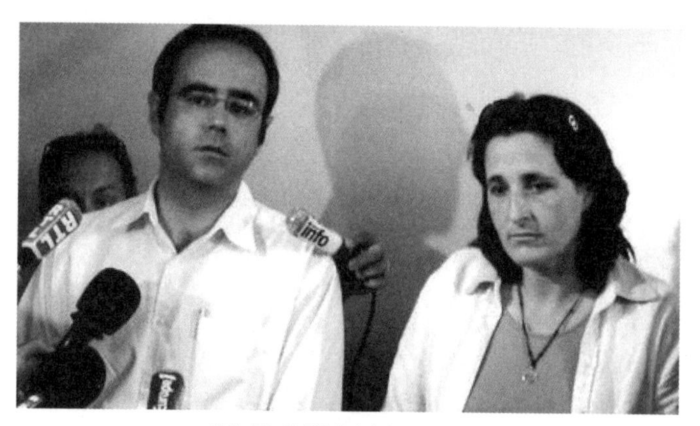

서래마을 영아살해사건의 쿠르조 부부

나중에 알려진 일이지만 장 루이는 아내가 범행을 자백하기 전까지는 정말 그렇게 믿고 있었다고 한다. 여기에는 한국의 법과학 수준을 얕보는 마음도 한몫했던 것으로 보인다.

당사자들이 부인하자 프랑스 사법당국도 한국의 DNA 감정 결과를 못 믿겠다는 입장을 보였다. 한국 검찰은 강력하게 항의했고, 쿠르조 부부의 출석요구서와 함께 모든 사건 기록, DNA 분석 결과 및 DNA 샘플 등을 프랑스 사법당국에 제출했다. 프랑스 사법당국은 강력한 이의제기를 받아들여 자체적으로 DNA 분석을 실시하게 된다. 결과는? 당연히 친자로 확인되었다. 프랑스 사법당국은 그제야 한국의 DNA 분석 결과를 불신한 것을 사과했고, 그토록 빠른 시간 안에 완벽한 결과를 얻은 것에 놀라움을 표시했다. 유럽이나 미국에서는 DNA 분석이 기본적으로 아주 오래 걸린다.

결국 베로니크는 프랑스 경찰에 긴급 체포되었고 모든 사실을 자백했다. 이후 충격적인 사실이 더 드러난다. 그녀는 이전에도 프랑스에서 아기를 출산한 후 살해해 벽난로에 태워버린 적이 있었다. 병원의 정신진단 결과 그녀는 '임신거부증'이란 질환을 앓고 있는 것으로 판명되었는데, 남편 장 루이는 이 진단 결과를 토대로 구명운동을 벌였다. 《그녀를 버릴 수가 없었다》라는 책도 쓸 만큼 남편의 지극한 정성이 통했는지 그녀는 비교적 가벼운 형량인 징역 8년을 선고받았고, 체포 후 4년 만인 2010년에 가석방되었다. 우리나라에서 재판을 받았다면 어떤 판결이 나왔을지 궁금하다.

그렇다면 친자 확인은 어떤 원리로 어떻게 이루어지는 걸까? 범인을 가려내기 위해 사용되는 DNA 분석 기술이 동일하게 친자 확인에도 이용되고 있다. 분석이 이루어지는 부분이나 적용하는 기술이 모두 같다. 다만 해석하는 방법이 다를 뿐이다.

STR 분석을 다시 살펴보자. PCR을 통해 STR을 분석하면 그 부분의 염기서열이 밝혀지는데, 이를 간단히 표기하기 위해 각 염기서열에 따라 고유한 숫자를 부여한다. 그리고 우리는 부모로부터 각각 받은 동일한 염색체를 세트로 가지고 있어서 한 STR 부분을 분석한 데이터는 두 개의 숫자로 이루어진 숫자 조합으로 표시된다. 그러므로 20개 STR 부분을 분석해 나타나는 DNA 프로필은 20개의 숫자 조합, 즉 40개의 일련의 숫자로 나열할 수 있다. 범인을 가려내기 위한

DNA 분석은 증거물과 용의자의 40개 숫자가 모두 일치하는지를 보는 것이고, 친자 확인을 위한 DNA 분석은 대상자 간에 각 부분 두 개의 숫자 중 하나씩을 모두 공유하고 있는지를 확인하는 것이다.

예를 들어 한 부분의 숫자 조합이 1-2인 아이의 친부가 누구인지를 밝히기 위한 검사를 했다고 하자. 친모임이 확실한 엄마를 분석한 결과가 1-3이었다면 이 아이는 엄마에게 1을 물려받은 것이므로 아빠에게서는 2를 물려받아야 한다. 그런데 같이 살고 있는 아빠를 검사했더니 4-4의 숫자 조합으로 나왔다면? 아마 이때부터 이 집의 분위기는 매우 험악해질 것이다. 다행히 아빠가 2-4의 조합이라면 안심이다. 하지만 또 한 가지 의문이 든다. 친부가 될 수 있는 숫자 조합은 아빠의 것 외에도 더 있을 수 있다는 사실이다. 2-4 외에도 2-2, 2-3, 2-5… 숫자 2만 포함한다면 친부의 가능성을 배제할 수 없지 않은가.

바로 이런 이유로 한 STR 부분만 검사하지 않고 여러 부분을 검사해서 종합적으로 판단해야 한다. 혹시라도 검사 결과가 틀릴 가능성을 제시하기 위해 '친자확률'(혹은 친부확률)이란 것을 표시한다. 예를 들어 99.9퍼센트의 친자확률이라면 '아무나 1000명을 뽑아 아이와 비교했을 때 친자가 아니면서도 우연히 친자관계가 성립하는 결과가 한 명 정도는 나올 수 있다'는 정도로 이해하면 된다. 대부분의 경우 친자확률은 99.9퍼센트보다도 높아서 매우 정확하다는 것을 알 수 있다. 또 친자 확인을 위해 양쪽 부모가 다 필요한 것도 아니다. 친자확률이 상대적으로 작아지기는 하겠지만 한쪽 부모만으로도 자녀의 친자 여부를 확실히 알 수 있다. 그렇기 때문에 은밀한 사적 검사가 많은 것 아니겠는가.

이 대목에서 언급하고 싶은 사건이 있다. 2021년에 세 살배기 아이가 방치되어 사망한 사건이 세상의 이목을 끌었다. 처음에는 거주하지도 않는 집에 아이를 오랫동안 방치해 굶어 숨지게 한 비정한 엄마에 관한 사건이었다. 그런데 수사 도중에 아이의 친모가 외할머니라는 사실이 밝혀져 더 큰 충격을 주었다. 죽은 아이와 엄마의 DNA 프로필을 비교한 결과 아이와 엄마는 숫자를 공유하지 않는 부분이 많았던 반면 외할머니와는 모든 부분에서 성립했던 것이다. 심지어 친자 확률(외할머니가 아이의 친모일 확률)은 99.999999… 이상으로 친자관계가 아닐 가능성은 확률상 거의 없었다.

아이가 엄마의 친자가 맞는지를 조사하는 과정에서 뜻밖의 결과를 얻은 것인데, 외할머니는 자신은 아이를 낳은 적이 없다며 줄곧 부인했다. 변호인도 "유전학적인 친자관계가 성립하는 DNA 분석 결과 자체는 인정하지만 그것이 곧 출산을 의미하지는 않는다"라는 상당히 모순적인 발언을 하면서 예외를 주장했다. 하지만 법과학적으로는 도저히 받아들일 수 없는 주장이다.

피고의 입장에서 제기할 수 있는 문제는 두 가지 정도다.

하나는 아이가 외할머니나 엄마와는 무관한 전혀 다른 사람의 아이일 가능성이 있다는 주장이다. 하지만 앞서 얘기한 친자확률에서 보았듯이 실제로 친자가 아니면서 친자관계를 긍정하는 결과가 나올 확률은 거의 0에 가깝다. 더구나 동일 모계인지를 확인하기 위해 분석한 미토콘드리아 DNA마저도 동일했기에 반박의 여지가 없었다. 이에 대해 다른 합리적 가능성을 제시하지 않고 희박한 예외의 가능성만을 주장하는 것은 설득력이 떨어진다.

나머지 하나는 법과학자의 입장에서 보면 더 황당한 주장이다. 사망한 아이는 외할머니가 아닌 엄마가 낳은 자식이 맞다고 주장하면서 제시한 것인데, 현재까지는 원인이 알려지지 않은 희귀한 유전적 현상으로 외할머니의 DNA가 엄마에게 그대로 전달되었다는 소위 키메리즘chimerism의 가능성이다. 일부의 세포에서 자신의 DNA와 어느 한쪽 부모의 DNA가 그대로 섞여서 나타나는 기괴한 현상에 빗대어 붙여진 이름으로 일부 논문에서 그 사례가 밝혀진 바가 있기는 하다. 그런데 이런 가능성이 성립하기 위해서는 이 아이를 임신했을 때 사용된 난자에 키메리즘이 나타나야 하는데, 이것은 희귀에 희귀가 겹치는 기적이 일어나야 가능한 일이다. 이런 가능성 제기가 설득력 있게 들리는가. 아마 그런 일이 일어날 확률은 앞서 얘기한 친자확률의 오류 가능성보다 훨씬 더 작을 것이다. 검찰은 외할머니를 아기 시신을 유기한 혐의와 자신의 아이를 딸이 낳은 아이와 바꿔치기한 약취의 혐의로 기소했다.

결론을 얘기하자면 1심과 2심에서는 외할머니의 혐의가 모두 인정되었지만 대법원에서는 약취에 대한 결과를 파기함에 따라 환송 재판에서 다시 다루어졌고 결국 약취에 대해서는 무죄가 선고되었다. 하지만 이 판결은 숨진 아이가 외할머니의 친자라는 사실을 부정한 것이 아니라 친자라는 결과 자체가 아이를 바꿔치기한 사실을 입증하기엔 부족하다고 본 것이었다.

다시 친자 확인 이야기로 돌아와보자. 경우에 따라서는 친자 확인 외에 형제라든가 더 먼 혈육관계 확인이 필요할 수 있다. 이 경우 직계 친자 확인과 어떤 차이가 있을까? 형제나 남매의 경우를 예로 들어보자. 숫자 조합이 1-2인 아빠와 3-4인 엄마 사이에서는 어떤 자식들이 나올 수 있을까? 1-3, 1-4, 2-3, 2-4 중 하나의 조합을 가지게 될 것이다. 형은 1-3인데 동생이 2-4라면? 형제임에도 둘 사이에는 공유하는 숫자가 없게 된다. 이렇듯 촌수가 멀어질수록 공유의 비율은 떨어지게 된다. 그래서 촌수가 먼 혈육관계를 확인하는 정확도에는 한계가 있을 수밖에 없다.

정확도를 확률로 표현하기 위해 통계적 방법을 적용하기도 하고 동일 모계를 밝히는 미토콘드리아 DNA 분석, 동일 부계 확인용 Y염색체 분석도 같이 사용하지만 그리 간단한 일은 아니다. 이 부분에 대한 복잡한 이야기는 생략하기로 한다. 전문적인 내용인 데다 그 이론이 무척 어렵기 때문이다. 다만 우리나라가 언젠가 남북 교류가 활발해져 왕래가 자유로워진다면 이산가족의 혈육관계를 확인하는 일은 큰 국가적 이슈가 될 텐데, DNA 법과학 전문가들이 잘 준비해서 효과적인 방안을 마련해야 할 것이다. 한국전쟁 1세대가 거의 돌아가신 상황에서 확인해야 할 혈육들은 대부분 2촌 이상의 관계일 것이기 때문이다.

완전히 새로운 접근

DNA 몽타주

"키가 크고 약간 뚱뚱하고 까무잡잡하고 동그란 얼굴이었어요. 머리숱이 많지 않았고 미간이 넓고 눈이 작았어요. 나이는 30대 중반쯤으로 보였고요." 하마터면 큰일을 당할 뻔했던 피해자가 당시의 악몽 같은 상황을 떠올리며 범인의 인상착의를 얘기한다. 공개수사를 하는 경우에 수사팀은 이 진술을 토대로 몽타주를 그려 전국에 배포한다. 아마 여러분도 이런 몽타주를 인쇄한 공개수배 전단을 본 적이 있을 것이다. 화성연쇄살인사건의 범인이 밝혀졌을 때 1988년에 제작된 몽타주와 실제 범인의 모습이 너무나 흡사해서 깜짝 놀랐던 기억이 있다. 이렇듯 목격자의 기억이 또렷하다면 범인과 흡사한 몽타주를 그려낼 수 있지만 너무 어두워서 잘 보지 못했다든가 오래되어서 기억이 가물가물하다면 몽타주의 효용성은 크게 떨어질 수밖에 없다. 그런데 DNA 분석으로도 범인의 몽타주를 그릴 수 있다면 어떨까. 쉽지는 않지만 불가능한 일도 아니다.

DNA 분석은 범죄 현장에서 채취한 DNA와 용의자의 DNA를 비교해서 그 증거가 '누구 것'인지를 밝히는 것이다. 따라서 비교할 용의자가 없다면 DNA 분석이 별 도움이 안 되고, 그래서 등장한 것이 범죄자 DNA 데이터베이스라고 했다. 그렇지만 DNA 데이터베이스에도 일치하는 사람이 없다면 어떻게 해야 할까? 누군지는 명확하게 모르더라도 범인의 외형적 특성을 알 수 있다면 용의자의 범위를 좁히는 데 많은 도움이 될 것이다. 생명과학 기술의 발전 덕분에 법과학자들이 DNA로부터 외형을 추정하는 기술을 개발할 수 있었다. 이런 분석은 동일성 식별을 위해 사용되는 방법과는 완전히 다르며, 분석하는 DNA 부분도 다르다. 완전히 새로운 접근인 것이다.

생명과학에서는 알고리즘이 있는 부분을 유전자gene라고 부르는데, 전체 게놈에서 유전자가 있거나 이와 관련된 부분은 현재까지 알려진 바로는 10퍼센트도 안 된다. '이게 누구 것이냐'를 밝히는 DNA 분석에 사용되는 '사람마다 다른 DNA 부분'이란 사실 유전자가 아닌 소위 '쓰레기junk DNA'라고 칭하는 부분이다. 반면 외형을 추정할 때는 알고리즘이 포함된 유전자 부분을 분석하는데, 분석하는 부분이 이처럼 근본적으로 다르다. 외형*을 추정하는 기술이 어려운 이유는 마치 하나의 컴퓨터 프로그램을 위해 수많은 알고리즘이 복합적으로 작용하는 것처럼, 작용하는 유전자가 한두 개가 아니고 매우 많기 때문이다.

21세기 들어서 인간 게놈의 염기서열을 저렴한 비용으로 신속하게 분석할 수 있게 됨에 따라 게놈에 배치된 유전자들이 어떤 기능을 하고 어떻게 상호연관되어 있는지를 밝혀내는 연구가 급속도로 발전하고 있다. 키(신장)는 유전적 요인이 강하다고 여겨지는 것 중 하나다. 실제로 키를 결정하는데 관여하는 유전자는 현재까지 밝혀진 것만도 대략 100개는 될 만큼 복잡하다. 게다가 그 유전자 간의 복잡한 연관성에 대해서는 아직 다 밝혀지지 않았다. 이런 빈약한 데이터를 토대로 키를 추정하면 '아니면 말고' 식의 점쟁이처럼 정확성이 낮을 수밖에 없다. 물론 생명과학이 발전하면서 그 정확성은 점점 높아지겠지만 말이다.

키나 몸무게보다 상대적으로 덜 복잡한 머리색, 피부색, 눈

* 외형은 유전자에 의해 나타나는 표현형을 의미한다. 완두콩이 둥근 것은 우성, 주름진 것은 열성 형질이라고 한 것처럼 분자생물학 이전의 유전학은 이렇게 표현형을 연구하는 데 머물렀던 반면, 유전자가 밝혀진 이후에는 표현형의 원인이 되는 유전자형에 대한 연구로 이어졌다. 결국 표현형은 여러 유전자형이 복합적으로 작용한 결과로 나타나는 것이다.

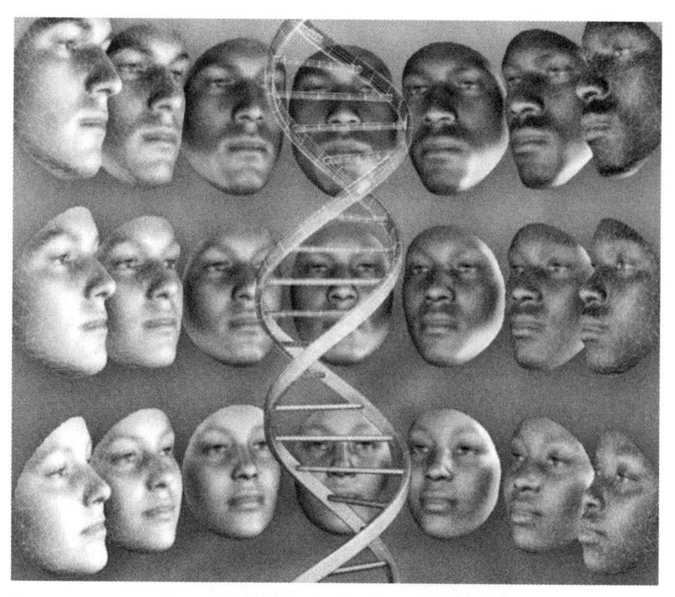

DNA 표현형 분석 기술로 구성된 DNA 몽타주 이미지
(출처: Shriver Claes, 펜실베이니아대학교)

동자 색, 주근깨 여부 등은 적어도 80퍼센트 이상의 정확도로 예측할 수 있다. 이런 색깔은 모두 몸에서 만들어지는 멜라닌 색소의 농도에 따라 결정된다. 신체 각 부분에는 멜라닌 색소를 만드는 세포가 따로 있는데 여기에서 멜라닌 색소가 만들어지거나 분해되는 과정에 관여하는 유전자들을 중점적으로 분석하면 예측의 정확도를 높일 수 있다. 결국 유전자를 이루는 염기서열의 변이가 멜라닌 색소를 만들고 분해하는 능력에 차이를 만들어내기 때문이다. 실제로 이 기술은 수사 목적을 비롯해 여러 용도에 쓰이고 있고, 분석 키트

가 제품으로도 출시되어 있다.*

아무리 그래도 DNA로 키나 몸무게 같은 외형을 추정하는 것은 여전히 갈 길이 멀다. 그럼에도 미래를 바라보며 도전하는 사람은 늘 있게 마련인가 보다. 미국에서는 DNA 분석 데이터를 토대로 몽타주를 그려주는 업체도 생겨났다. 대표적으로 미국의 파라본나노랩스parabon-nanolabs가 있다.

발전 속도의 문제를 떠나 DNA로 외형을 추정하는 기술의 정확도는 생명과학의 발전과 함께 점차 높아질 것이고, 언젠가는 이 기술도 수사에 효과적으로 쓰이게 될 것이다. 그런데 이 기술을 수사에 활용하는 것이 용인될 수 있는지는 별개의 문제다. 이런 정보들은 개인정보에 속하기 때문이다. 우리나라는 '개인정보보호법'이나 '생명윤리 및 안전에 관한 법률'에서 개인정보의 범위를 폭넓게 규정하고 있다. 외형 정보도 당연히 개인정보에 포함되는 것으로 해석된다. 따라서 이러한 기술이 실제로 사용되기 위해서는 사회적 논의를 거쳐 법률적 규정이 마련되어야 한다. 참고로 네덜란드는 발 빠르게 DNA 외형 정보를 수사에 적용할 수 있는 법조항을

* 눈동자(홍채) 색과 관련해 2010년에 여섯 개의 색 결정 유전자로 구성된 분석 키트(상품명 '이리스플렉스IrisPlex')가 출시되었는데 정확도는 약 90퍼센트로 측정되었다. 2013년에는 기존의 플렉스를 개선해 24개의 SNP 마커로 눈동자와 머리칼의 색을 동시에 예측할 수 있는 '하이리스플렉스Hirisplex'가 출시되었다.

마련해놓고 있다.

단순히 '누구 것'인지를 밝히는 데 그치지 않고 더 많은 수사정보를 이끌어내는 기술로 DNA 분석은 계속 진화하고 있다. 더 나아가 나이나 흡연 여부 등도 예측할 수 있다면 좋겠다는 바람이다. 실제로 이에 대한 연구도 국내에서 활발히 진행 중이다.

풀리지 않은 신비

후성유전학

쌍둥이에도 '일란성'과 '이란성'이 있다는 건 다 알고 있을 것이다. 일란성은 난자 하나에 정자 하나, 이란성은 난자 두 개에 각각 정자 하나씩 결합한 수정란으로부터 만들어지는 것을 뜻한다. 그래서 이란성 쌍둥이는 태어난 시간만 같을 뿐 유전학적으로는 형제와 같다. 반면에 일란성 쌍둥이는 하나의 수정란이 갈라져서 생긴 것이므로 복제인간이 있다면 이에 비유할 수 있겠다. 이제 막 태어난 일란성 쌍둥이는 같은 DNA를 가지고 태어났기 때문에 정말 똑같이 생겼다. 그런데 이후 시간이 지나 성인이 된 일란성 쌍둥이의 경우 노화의 정도나 키 같은 외형은 물론 성격 같은 내적인 면까지 포함해서 조금씩 다르다.

20세기 초반에 덴마크에서 입양 등으로 인해 서로 다른 환경에서 자란 일란성 쌍둥이를 평생 추적하는 연구가 수행되었다. 연구자들은 성장 환경이 많이 다를수록 쌍둥이의 학력, 지능, 직업, 나아가 범죄이력이나 폭력성향까지도 다를 수 있다는 점을 발견했는데, 환경 요인이 그런 차이가 나타나는 데 일정 부분 작용했을 것이라고 생각했다.

이를 뒷받침하는 이론이 2000년대 들어와서 생명과학 연구로 밝혀지게 되었다. 그렇다면 후천적으로 DNA가 바뀔 수 있다는 말일까? 그렇다! 여기서 '바뀐다'는 의미가 다르긴 하지만 태어난 후에도 DNA는 조금씩 변한다. 이렇듯 태어난 후의 유전적 변화에 관해 연구하는 분야를 후성유전학 epigenetics 혹은 후생유전학이라고 한다.

여기서 의문이 들 것이다. 법과학에서 DNA 분석은 평생 DNA가 변하지 않는다는 것을 전제로 하는데, 범행 때 DNA와 검거 후 DNA가 서로 다르다면 말이 안 되는 것 아닌가?

후천적으로 나타나는 DNA의 변화 중 하나가 염기의 메틸레이션methylation이다. 이는 시토신(C)과 구아닌(G)이 연이어 배열된 -CG- 염기서열에서 앞의 시토신 염기에 메틸기(화학명 $-CH_3$)가 결합하는 현상이다. 이를 앞서 DNA 구조를 쉽게 설명하기 위해 든 목걸이 비유로 설명하자면, '두 개의 보석(염기)이 연이어 배열된 고리에서 앞의 보석이 종류는 그대로인데 색이 변하는 현상'쯤으로 표현할 수 있다. 즉 염기의 서열은 변하지 않은 채로 DNA가 변하는 것이다. 범인

식별을 위한 DNA 분석은 염기서열의 차이를 분석하는 것이므로 메틸레이션에 의해 일어나는 변화와는 무관하다. 그렇다면 메틸레이션은 왜 일어나고, 이 현상을 법과학에는 어떻게 이용할 수 있을까?

생명과학에서 오랫동안 풀리지 않은 의문 중 하나는, 세포 안에 들어 있는 DNA는 모두 동일해서 같은 정보를 지니고 있는데 왜 각 기관의 세포들은 저마다 형태와 기능이 다르냐는 것이었다. 연구 결과 각 세포의 기능에 필요한 유전자는 켜고, 필요 없는 유전자는 끄는 스위치 기능이 이런 차이를 만드는 요인 중 하나로 밝혀졌는데, 스위치를 켜도 강한 신호와 약한 신호를 구분해 신호의 세기를 조절한다고 한다. DNA의 유전자 안에는 생명 현상에 필요한 모든 정보가 들어 있지만 DNA가 직접 일을 하는 것은 아니다. DNA가 가진 정보는 RNA라는 물질에 전달되는 과정을 거쳐서 최종적으로 단백질이 만들어지고 세포 안에서 실제 일을 하는 것은 단백질(그중에서도 효소)이라고 할 수 있다. 스위치가 꺼지면 해당 단백질은 만들어지지 않고, 켜지면 그 신호의 세기에 따라 만들어지는 단백질의 양이 달라진다. 지금도 많은 부분이 신비의 영역이긴 하지만 메틸레이션이 주로 유전자의 스위치를 끄는 것과 신호의 세기를 조절하는 역할을 상당 부분 담당한다고 알려져 있다.

예를 하나 들어보자. 담배를 피우면 노화가 빨라진다는 말이 있다. 노화를 억제하는 데 도움이 되는 단백질을 만드는 유전자에 흡연으로 메틸레이션이 축적된다면, 유전자의 발현이 꺼져 이러한 단백질을 충분히 만들지 못하게 될 수 있다. 이런 경우라면 흡연의 양과 기간에 따라 메틸레이션의 정도에도 차이가 생길 수 있는 것이다.

일란성 쌍둥이 중 한 명은 흡연자이고 다른 한 명은 비흡연자라면 DNA상의 어딘가에는 메틸레이션의 차이가 생길 것이다. 이 부분에 대한 분석법이 확실히 정립되면 일란성 쌍둥이도 쉽게 구별할 수 있을 것이다. 이미 이에 관한 연구가 상당히 진척되어 있어서 "DNA 분석으로는 일란성 쌍둥이 중에 누가 범인인지 가릴 수 없다"는 말은 옛말이 되어가고 있다.

또한 법과학에서 메틸레이션 분석이 유용한 분야 중 하나가 연령 추정이다. 노화와 관련한 메틸레이션 연구가 많이 이루어진 결과이기도 하겠지만 여러 부분을 복합적으로 분석하면 3년 정도의 오차로 연령을 알 수 있다. 적어도 목격자의 추정보다는 정확하지 않겠는가.

사건 현장에서 채취한 체액이나 세포 조직이 무엇인지를 밝히는 것도 법과학에서는 매우 중요한 일이다. 성범죄 피의자들이 증거물에서 자신의 DNA와 피해자의 DNA가 섞인 분석 결과를 보고도 범행을 부인하는 경우가 종종 있다. 자신의 DNA가 검출된 것은 정액이 아닌 유사 성행위에서 비롯된 침이나 기타 물질에서 유래한 것이라고 우기곤 한다. 증거물인 체액이 무엇인지를 확실히 밝힐 수 있다면 이런 궁색한 변명도 더는 통하지 않을 것이다. 세포, 즉 체액이나 조직의 종류가 다르면 특이적인 단백질이 있게 마련이고, 이런 단백질이 만들어지기 위해서는 메틸레이션이 생기는 부분 또한 각각 다를 것이다. 생명과학에서 밝혀지는 이런 현상을 이용한 DNA 분석법이 법과학에서 잘 정립되어가고 있다. 이렇게 볼 때 DNA 분석은 생명과학의 발전과 불가분의 관계임을 알 수 있다.

여담이지만 메틸레이션과 관련해 깜짝 놀랄 만한 사실을 하나 소개할까 한다. 기린의 목이 긴 이유가 무엇일까? 두 가지 이론이 있다. 첫째는 '높이 있는 나무의 잎을 따 먹기 위해 목을 자꾸 늘이다 보니 차츰 목이 길어졌다'는 프랑스 생물학자 장 바티스트 라마르크의 '용불용설'이다. 두 번째는 '우연히 긴 목을 가진 기린이 잎을 따 먹기가 쉬워 생존에 더 유리했고, 그 결과 목이 긴 자손들이 선택적으로 살아남았다'는 찰스 다윈의 '자연선택설'이다. 이 두 가지 이론 중에서 우리는 라마르크가 틀렸고 다윈이 맞다고 배웠다. 유전학 이론에 따르면 '획득형질은 유전될 수 없다'는 것이 분명한 사실이었으니까 말이다.

다윈의 이론이 나온 것은 19세기이고 유전물질인 DNA에 대해 알려지기 시작한 것은 1950년대 이후다. 그럼에도 불구하고 속속 밝혀지는 DNA의 비밀은 다윈의 이론과 일치했다. DNA가 자손에게 전달되는 것은 정자와 난자 같은 생식세포를 통해서인데, 이것을 만드는 과정에서 DNA 복제가 일어난다. DNA 복제는 염기서열만을 복제하는 것으로, 메틸레이션과는 무관하다. 따라서 태아에게는 부모의 생애 기간에 생긴 메틸레이션이 다 지워진 DNA 형태로 전달될 것이다.

그런데 생의 어느 시점에서 부모의 메틸레이션이 그대로 나타나는 현상이 발견되었다. 바로 이런 현상을 연구하는 것이 후성유전학이다. 마치 과거의 강렬한 기억이 무의식 속에 새겨져 있다가 어느 시점에 나타나듯이 아이의 DNA에 새겨져 있는 것이다. 흡연 때문에 내 DNA 어딘가에 생긴 나쁜 메틸레이션이 내 아이에게 전달된다면? 당장 금연을 시작해야 할 첫 번째 이유가 아닐까. 생명과학 분야는 신비라고밖에 할 수 없는 이런 현상에 대해 아직도 밝혀야 할 부분이 무궁무진하다.

일종의 연좌제가 아닌가?

친족 검색

조선시대에는 역모죄를 저지른 사람은 삼족三族을 멸하는 무시무시한 형벌이 있었다. 한 사람이 죄를 지으면 아무 잘못도 없는 친족까지 죽이거나 노비로 만드는 것을 '연좌제'라고 한다. 현대 사회에서 이미 사라졌어야 할 단어이지만 아직도 나처럼 중년이 넘은 세대에게는 생소하지 않다. 분단과 한국전쟁의 비극적 역사 속에서 가족이나 친척 중에 누가 월북하거나 북한 고위직에 있으면 판검사나 고위직 군인, 관료 임용이 제한되던 시절이 있었다.

그런데 가까운 친족 간에 DNA가 많이 닮은 점을 이용해서 미궁에 빠진 사건의 범인을 검거하는 데 유용한 기술인 '친족 검색familial searching'에 대해 일종의 연좌제가 아니냐는 비판이 있다. 실제로 우리나라에서는 이런 문제로 친족 검색을 아직 활용하지 못하고 있는 실정이다. 미국의 사례를 통해 살펴보자.

1985년 로스앤젤레스의 한 칵테일바에서 일하던 종업원이 살해당하는 사건이 일어났다. 친구와 헤어지고 집으로 가는 버스를 탄 후 실종되었는데 성폭행을 당하고 가슴에 총을 맞은 채 3일 만에 발견된 것이다. 정확히 1년 후인 1986년, 로스앤젤레스의 으슥한 골목에서 담요에 싸인 시체가 매트리스로 덮인 채 발견되었다. 1987년 1월, 4월, 10월과 1988년 1월, 9월에도 비슷한 사건이 발생했다. 이 모든 사건에는 공통점이 있었다. 피해자가 모두 흑인 여성이고 사회적 약자였으며, 성폭행을 당한 후 총에 맞아 죽었다는 점이다. 더구나 피해자 몸에서 채취한 정액의 혈액형이 모두 같아 동일범에 의한 연쇄살인으로 추정되었다.

당시 DNA 분석은 미국에서도 막 시작하는 단계라 실제 수사에는 거의 활용되지 못하고 있었다. 범인을 특정할 단서를 찾지 못한 상황에서 1989년 초에 여덟 번째 사건이 일어났다. 한 여성이 택시를 기다리고 있는데 지나가던 차가 친절하게도 태워주겠다고 해서 동승했다. 그런데 운전자가 갑자기 돌변하더니 무자비하게 강간하고 가슴에 총을 쏘았다. 범인은 옷이 벗겨지고 피를 흘리는 그녀의 몸을 사진 찍은 후 그녀를 차 밖으로 밀어버렸다. 정말 요행히도 그녀는 살아남았다. 그리고 범인이 뚱뚱한 흑인이라는 최초의 진술을 하게 되었다. 연쇄살인으로 불안에 떨던 로스앤젤레스 지역사회는 빨리 범인을 잡으라고 아우성이었지만 여전히 범인의 신원은 오리무중이었다. 생존한 피해자의 진술에 겁이 났던 것인지 범인은 이후 범행을 끊고 잠적해버렸다. 은둔한 채 잠을 자고 있다는 의미로 그에게는 '그림 슬리퍼Grim Sleeper'(잠자는 흉악범)라는 별명이 붙게 된다.

그로부터 약 14년이 흐른 2002년 봄, 열다섯 살 소녀가 성폭행을 당한 후 살해되었다. 그사이에 DNA 분석 기술은 크게 발전했다. 그래서 이번에는 피해자 몸에 남은 정액과 이전의 연쇄살인에서 채취해 보관하고 있던 증거물에 대해 DNA 분석을 했고 예상대로 동일범으로 밝혀졌다. 범인이 다시 활동을 시작한 것이다. DNA 데이터베이스 검색을 했으나 일치하는 사람이 없었고, 사건은 다시 미궁에 빠졌다. 그러던 중 2003년과 2007년에 그에 의한 살인사건이 또 발생했다. 무려 20년 넘게 경찰을 비웃으며 범죄를 이어가고 있던 것이다.

궁지에 몰린 경찰은 2010년에 새로운 시도를 하게 된다. DNA 데이터베이스에 범인과 정확히 일치하지는 않지만 비슷한 사람이 있는지 찾아보기로 했다. 그리고 마침내 한 흑인 청년과 범인의 DNA가 유사하다는 것을 발견했다. DNA 프로필을 정확하게 반씩 공유하고 있어 둘이 부자관계가 아닐까 조심스럽게 추정했다. 경찰은 청년의 아버지를 몰래 뒤밟아서 그가 먹다 버린 피자 조각을 수거한 후 범인의 DNA와 비교했다. 2010년 7월 '그림 슬리퍼'는 그렇게 극적으로 체포

잠자는 흉악범으로 불린 연쇄살인범 데이비드 플랭클린 주니어

되었다. 열네 명을 살해한 혐의로 기소된 그는 6년의 재판 끝에 열 건의 살인이 인정되어 사형선고를 받았다.

이 사건을 계기로 캘리포니아주는 중요 사건에 대해 DNA 친족 검색을 제한적으로 허용하기 시작했다. 친족 검색을 조금 더 확장하면 어떤 수사가 가능할까? 이에 대해 이야기해 보자.

2018년 봄에 미국 캘리포니아주 경찰은 50회가 넘는 강간과 열두 건의 살인을 저지른 혐의로 한 노인을 무려 42년 만에 검거했다고 밝혔다. 이 소식은 미국 언론의 헤드라인을 장식함은 물론 BBC 등 세계 유명 방송에서도 앞다투어 보도되었다. 범인을 검거한 방법이 정말 기상천외했기 때문이다. 보도를 통해 알려진 사건의 전말은 '세상에 믿을 사람 하나

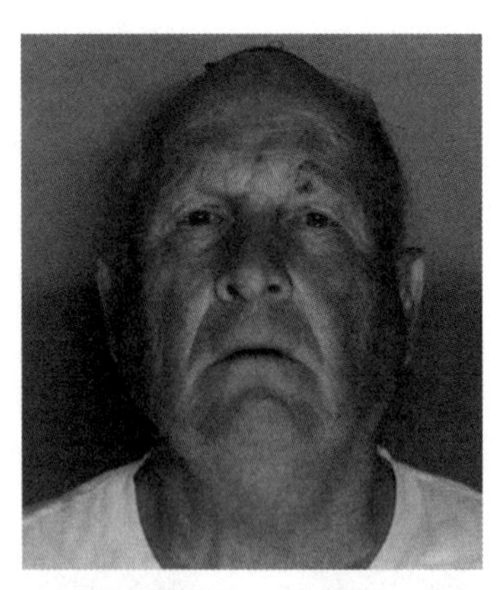

전직 경찰 연쇄살인범 조지프 제임스 드앤젤로

없다'는 자조적인 격언을 인정할 수밖에 없는 것이었다.

범인은 놀랍게도 전직 경찰이었다. 1976년 경찰 근무 도중에 첫 강간 범행을 시작한 후 1979년에 절도가 들통 나서 해고된 그는 이때부터 본격적으로 살인을 저지르기 시작한다. 정말 흉악하게도 남편과 자녀가 보는 앞에서 여성을 성폭행하면서 뒤로 묶인 남편 손에 접시를 올려놓은 다음 떨어뜨리면 죽이겠다고 위협했단다. 그는 전직 경찰답게 치밀하고 대담했다. 복면으로 얼굴을 숨겼고, 몸속에 흘린 정액 외에는 어떤 단서도 남기지 않았다. 더구나 미궁에 빠진 수사를 조롱하듯 시장에게 추가 범행을 암시하는 글을 보냈고, 범행 현장에는 자신이 쓴 으스스한 수필을 남겨두기도 했다. 그러던 범인이 1986년 이후에는 일체의 범행을 끊고 잠적했다.

이 사건도 DNA 분석 기술을 활용해 범인이 남긴 정액의

DNA 프로필을 밝힐 수 있었다. 역시 모두 동일범의 소행으로 드러났지만 범죄자 DNA 데이터베이스에는 일치하거나 비슷한 사람이 없어 친족 검색도 소용이 없었다. 경찰은 여기서 한 단계 더 발전한 기발한 아이디어를 생각해냈다. 경찰은 기자회견에서 "좀 복잡한 길을 돌아왔다"라고 애매하게 표현했는데, 그 복잡한 길이란 이런 것이었다.

미국에는 DNA 검사를 통해 어느 민족의 혈통이며 그 계보는 어떻게 되는지에 대한 정보를 알려주는 민간 기업이 성업 중이다. 혈통의 계보와 비율을 알려주는 이 서비스를 이용하는 사람이 심심찮게 있다고 한다. GEDmatch.com이라는 무료 웹사이트도 이와 유사한 서비스를 제공한다. 과학자들이 만든 학술 연구 웹으로, 자신의 DNA 정보를 제공하는 사람에게는 데이터베이스에 혈통관계의 가능성이 성립하는 사람이 있는지를 찾아 알려준다. 말하자면 'DNA 족보'를 만들어주는 서비스다. 가명으로도 자신의 DNA 정보를 자유롭게 올릴 수 있다.

경찰은 범인의 DNA 프로필을 이 사이트에 가명으로 올렸다. 웹사이트 운영자는 친절하게도 혈족관계가 있을 것으로 추정되는 한 사람의 정보를 알려주었다. 경찰은 이 사람의 가까운 친족 중에서 사건 정보와 일치하는 용의점이 있는 자를 찾아냈다. 혈통 추정 서비스를 역으로 이용한 것이다. 최종적으로 용의자 한 명을 지목했고, 그의 뒤를 밟아 그가 마시고 버린 음료수 캔과 휴지를 수거해서 범인의 DNA와 대조해 검거하는 데 성공했다. 현대의 DNA 기술력과 경찰의 기발한 아이디어에 혀를 내두르지 않을 수 없다.

앞의 두 일화는 친족 검색과 여기서 한 단계 더 나아간 방법을 이용해 용서할 수 없는 흉악범을 검거한 사례다. 흉악범을 이제라도 잡은 것은 희생자들과 요행히 생존했지만 큰 상처를 입은 피해자들을 조금이라도 위로해주는 쾌거임이 분명하다. 그런데 이러한 수사 방식의 정당성에는 다양한 의견이 나올 수 있다.

나는 개인적으로 친족 검색이 연좌제는 아니라고 생각한다. 연좌제는 무고한 사람이 부당한 처사를 당하는 것이다. 친족 검색을 통해 진범을 밝히는 것이야말로 무고한 사람이 피해를 입지 않게 하는 길이다. 물론 내사 과정에서 무고한 사람의 뒤를 캐는 프라이버시 침해는 어느 정도 있을 수 있겠다. 범죄를 방지하는 공익적 목적과 개인의 프라이버시 보호 사이에 적절한 균형을 찾는 노력이 필요한 이유다.

사실 더 중요한 문제는 이렇게 수집된 증거가 법률적으로 효력이 있느냐일 것이다. 소위 '위법수집 증거'가 아니냐는 문제다. 법률 전문가가 아닌 내 입장에서는 '이 방법이 아니면 잡을 수 없는 흉악범을 천신만고 끝에 검거했는데, 증거로 인정되지 않는다면 과연 그것이 사회 정의를 구현하는 사법 시스템이라고 할 수 있을까' 하는 생각이 든다.

어쨌든 현재 많은 나라에서 친족 검색을 실시하지 못하고 있다. 미국에서도 주마다 허용 여부가 다르다. 허용하는 경우에도 적용할 수 있는 범죄의 종류와 처리 방법 등에 대한 규정을 일일이 두고 있다. 반면에 우리나라는 이를 허용하거나 불허하는 일체의 법 조항이 아예 없다.

DNA 수사기법은 빠르게 발전하고 있다. 하지만 그 허용 범위는 어디까지일까? 그리고 사회적 논의가 필요한 부분들은 무엇일까? 이제 거기에 대해 논의를 시작할 때가 아닐까 한다.

난 억울합니다

DNA 결백

판결이 확정되어 종결된 사건을 다시 재판하는 것을 재심이라고 한다. 1988년 화성연쇄살인 8차 사건의 범인으로 몰려 20년이나 옥살이를 치른 분이 2020년에 재심을 통해 무죄선고를 받았다. 뒤늦게나마 누명을 벗고 형사보상금을 받게 되었지만, 그 무엇으로도 그분의 잃어버린 세월을 보상할 수는 없을 것이다. 이 외에도 2000년 '익산 약촌오거리 택시기사 살인사건'과 1999년 '삼례 나라슈퍼 강도치사사건'이 재심을 통해 무죄로 밝혀졌다. 각각 〈재심〉(2017), 〈소년들〉(2023)이라는 영화로 만들어질 만큼 사회적 관심을 끌었다. 모두 무고한 사람들이 형기를 마친 후에야 재심이 이루어지고 누명을 벗었다는 공통점이 있다. 이마저도 정의 실현의 사명감에 불타는 변호사의 노력이 맺은 결실이지만 한번 잘못된 진실을 돌려놓는 것이 얼마나 힘든지 보여주는 예다. 특히 '익산 약촌오거리 택시기가 살인사건'에서는 3년 후 진범이 특정되어 다시 수사선상에 올랐지만 검찰의 잘못된 판단으로 재판까지 가지 못하고 묻혀버린 흑역사가 있다. 결국 억울하게 형기를 마친 분이 재심으로 무죄선고를 받은 2016년에야 진범은 법의 심판을 받았다.

이 세 건의 사건에는 또 다른 공통점이 있는데, 바로 피의자의 자백만 있고 피의자가 범인이라거나 혹은 무고하다고 판단할 수 있는 직간접적 사실을 제공하는 확실한 물적 증거가 없다는 점이다. DNA 증거는 피의자가 무고하다는 것을 밝히는 데에도 매우 중요한 판단 요소가 될 수 있다. 하마터면 누명을 쓰고 억울한 옥살이를 할 뻔했던 사건을 DNA 증거가 물리친 예를 하나 소개하고자 한다.

2005년 한 남성이 다세대주택에 침입해 칼로 여성을 위협해, 유사 성행위를 시키고 돈을 빼앗아 달아난 사건이 발생했다. 피해자는 경찰에서 범인의 인상착의를 상세하게 설명했다. "나이는 20~30대, 키는 180센티미터 정도이고, 얼굴은 둥근형에 마약에 취한 듯 눈에 초점이 없었어요." 그리고 범인의 정액이 묻은 옷을 증거로 제출했다.

그로부터 약 5개월 후 경찰은 다른 건으로 조사를 받던 피의자가 키가 크고 본드를 흡입한 사실이 있다는 점을 눈여겨보고 범행 여부를 추궁하게 된다. 피해자도 피의자 사진을 보고 '이 사람이 맞다'라고 진술했다. 곧이어 피의자의 DNA를 채취해서 분석을 의뢰했다. 그러고는 분석 결과가 나오기도 전에 피의자를 범인으로 구속 기소해버렸다. '이 사람이 맞다'는 피해자의 진술을 과신했던 것일까. DNA 분석 결과는 1심 재판 도중에야 제출되었다. 결과는 불일치였다!

이미 설명한 대로 증거에서 나온 DNA 프로필이 피의자와 일치한다면 그 증거가 그 피의자의 것이라는 판단은 확률의 문제로 넘어간다. 비록 그 확률의 오류가 '0'으로 수렴할 만큼 작은 것이긴 하지만 말이다. 하지만 증거에서 나온 DNA 프로필이 피의자의 DNA와 다른 경우 분석 과정의 오류가 없었다면 100퍼센트 확실한 배제의 증거가 된다. '다른 건 엄연히 다른 것'이고 확률이 고려될 여지가 전혀 없다. 그런데 1심 재판부는 피의자의 국선 변호인이 피해자의 진술에 동의했다는 이유로 유죄를 선고해버렸다. 항소심도 피의자의 항변이 이유 없다고 기각했다.

사건은 여기서 종결되는 듯했다. 하지만 대법원에서 판결이 뒤집어졌다. 2심에서는 변호인이 바뀌었는데 피해자 진술보다는 DNA 증거에 더 무게를 두었던 것이다. 일단 피해자에게 피의자 사진을 보여주는 과정이 부적절했다고 대법원 판결문은 밝히고 있다. 피의자 외에 여러 명의 사진을 섞어서 보여줘야 하는데 그렇게 하지 않은 문제를 지적한 것이다. 피해자의 기억은 불확실할 수밖에 없기 때문이다. 지금도 이 대법원 판례*는 DNA 증거를 함부로 배척해서는 안 된다는 원칙을 제시한 황금 판례로 남아 있다.

또 다른 일화가 있다. 2006년 2월 지방의 한 소도시 식당에서 있었던 일이다. 갑자기 한 남자가 식당에 침입해 텔레비전을 보고 있던 피해자에게 이불을 뒤집어씌우고 강간을 시도했다. 다행히 몹쓸 짓을 당하지는 않았지만 반항하는 과정에서 치아가 부러지는 큰 부상을 당했다. 피해자는 한 사람이 의심된다는 진술을 했고, 수사 결과 그 사람이 피의자로 지목되었다. 피의자는 처음에는 범행을 부인하다가 나중에 자백했고 현장검증에서도 재연했다. 심지어 피해자 어머니에게 무릎 꿇고 사죄까지 하며 합의를 요청했다고 한다. 수사와 재판은 일사천리로 진행되어 징역 7년이 구형되고 판결만 남은 상황이었다.

그런데 갑자기 피의자가 탄원서를 냈다. "처음에 범행을 부인했지만 너무 무섭게 다그쳐 허위로 자백할 수밖에 없었다. DNA 결과가 나오면 내가 범인이 아니란 게 밝혀질 것이라고 생각했다. 당시 식당에 간 적도 없다. DNA 증거 결과를 확인해달라"는 내용이었다. 어쩐 일인지 탄원서가 제출되

* 대법원 2007도1950 판례. "그 추론의 방법이 과학적으로 정당하여 오류의 가능성이 전무하거나 무시할 정도로 극소한 것으로 인정되는 경우에는 법관이 사실인정을 함에 있어 상당한 정도로 구속력을 가지므로, 비록 사실의 인정이 사실심의 전권이라 하더라도 아무런 합리적 근거 없이 함부로 이를 배척하는 것은 자유심증주의의 한계를 벗어나는 것이다."

기 전까지 DNA 증거는 법정에 제출되지 않은 상태였다. 뒤늦게 제출된 DNA 증거는 사건 당시 피해자의 팬티와 청바지에 대한 것이었다. 팬티와 청바지에서 각각 정액과 혈액이 검출되었는데, 피의자의 DNA 프로필과 일치하지 않는다는 결과였다. 이에 대해 피해자는 당시 강간이 이루어지지는 않아 정액이 묻을 수 없는 상황이었고 피의자가 잘못을 뉘우치는 편지도 보내왔다고 항변했다. 이렇게 피의자와 피해자의 주장이 엇갈렸다.

1심은 피의자의 최초 자백에 무게를 두어 유죄를 선고했다. 하지만 항소심에서 고등법원은 다르게 판단했다. DNA 증거가 제출되기 이전에 피의자가 범행을 부인했던 점에 비추어 DNA 증거는 사건과 관련한 것이라고 판단해 무죄를 선고했던 것이다. 피해자와 목격자의 진술이 부정확한 기억에 의한 것일 수 있다는 설명이 첨부되었다.

법과학자인 나의 생각은 이렇다. 팬티는 자주 세탁을 한다. 따라서 당시 피해자가 입고 있던 팬티에서 피의자의 것과 다른 정액이 발견되었다는 사실은 피해자가 다른 사실을 입증하지 않는 한 피의자를 배제하는 증거로 사용될 수 있다. 물론 이를 사건 관련 증거로 받아들일지의 여부는 판사의 몫이다. 이 사건은 대법원에서 무죄가 확정되었다.

이 두 일화는 하마터면 무고한 사람이 누명을 쓸 수 있었던 사건에서 이를 배척하는 유력한 물적 증거인 DNA 분석 결과로 인하여 잘못된 판결로 이어지지 않았다는 점에서 앞의 재심 사건들과 대비된다. 그런데 지금도 형을 살고 있는 자들 중에 억울한 사람은 또 없을까? 아마 누구도 장담하지 못하리라 생각한다.

'결백 프로젝트'는 1990년대부터 비약적으로 발전한 DNA 분석 기술을 이용해 억울하게 옥살이를 하고 있는 사람들의 결백을 밝히기 위해 미국에서 설립된 비영리기구다. 결백 프로젝트 웹사이트(innocenceproject.org)에는 이 프로젝트를 통해 무죄를 선고받고 새로운 삶을 찾은 사람들의 이야기를 사진과 함께 소개하고 있다. 이들은 대부분 강압적 수사나 잘못된 법과학 증거로 아주 긴 형량을 받고 수감생활을 했다. 1989년에 첫 무죄 판결이 내려진 후 수백 명의 수형자가 재심에서 무죄를 선고받았고, 지금도 그 수는 늘어나고 있다. 이 결백 프로젝트는 미국의 예시바 대학교 로스쿨 교수에 의해 처음에는 미약하게 시작되었지만 지금은 국가적인 소송 관련 공공정책 재단으로 자리를 잡았다.

결백 프로젝트를 통해 풀려난 모든 사람들의 사연이 드라마틱하겠지만, 특히 지적 장애를 가진 분들의 경우에는 더욱 특별할 수밖에 없다. 자신의 억울함을 호소할 마땅한 방법도 모른 채 참으로 기구한 운명에 처한 경우이기 때문이다. 한 사례를 살펴보자.

1984년 10월, 미국 일리노이주에서 열다섯 살 소녀가 하교 도중 실종되었는데 이틀 후에 시신으로 발견되었다. 강간

당하고 칼에 찔린 채였다. 그로부터 1년 후에 열여덟 살의 지적 장애 청년이 범인으로 지목되었다. 그가 자신이 범행을 저질렀다고 말했다는 친구의 말만 믿고 경찰은 40시간의 집요한 심문 끝에 그 청년의 자백을 받아냈다. 그러나 그것은 '자백하면 집으로 돌아갈 수 있다'는 경찰의 회유에 의한 허위자백이었고 나중에 철회했지만 받아들여지지 않았다. 결국 그는 1987년에 기소되었고 다른 물적 증거 없이 친구의 증언과 자백만 있는 상태에서 1급 살인죄로 가석방이 없는 종신형을 선고받았다. 평생을 교도소에서 보내야 하는 운명이었다.

그로부터 15년 이상이 지난 후 한 대학생 기자가 이 사건을 재조명하기 시작했다. 끈질긴 추적 끝에 당시 증언을 했던 친구로부터 놀라운 사실을 알아냈다. 그 친구는 다른 범죄를 저질러 경찰의 조사를 받고 있었는데 "그 살인사건이 네 친구가 한 것이라고 증언하면 잘 처리해주겠다"는 말을 듣고 그렇게 했다는 것이다. 거짓 증언을 시킨 그 경찰은 얼마나 나쁜 사람인가. 대학생 기자는 자신의 조사 결과를 로펌에 알렸고, 한 변호사가 사건을 검토하기 시작했다. 그러나 그리 만만하게 해결될 일이 아니었다. 별 소득 없이 또다시 세월이 흘렀다. 이 변호사는 2013년에 결백 프로젝트에 참여하게 되었고 이 사건을 재심해달라는 청원을 했다. 법원의 결정에 의해 2014년 8월 드디어 DNA 분석이 실시되었다.

결과는 예상대로였다. 당시 살해된 소녀의 의류, 지갑, 몸속 채취물 등 총 여덟 개 증거물에 대한 분석에서 지적 장애 청년의 DNA는 어디서도 검출되지 않았고, 대신 다른 남성의 DNA가 검출되었다. 비록 DNA 데이터베이스에서 진범을 찾아내지는 못했지만 무죄의 증거로는 충분했다. 2015년 2월에 석방되던 날 그는 거의 30년 가까이 1000번 이상 면회 온 어머니와 눈물겨운 포옹을 했다.

DNA 분석 기술이 만들어낸 이 감동적인 이야기는 과학적 증거가 부족한 기소가 얼마나 위험한지를 보여준다. 법과학은 범인을 지목하거나 범행을 입증하기 위한 수사 목적을 위해서도 필요하지만 특히 억울하게 형을 살고 있는 사람의 누명을 벗겨주는 등 인권 보호의 역할을 다하기 위해서도 꼭 필요하다. 우리나라에도 결백 프로젝트 같은 기구를 도입하면 좋겠다는 생각이 들지만 쉽지 않아 보인다.

우선 결백 프로젝트는 증거물인 DNA가 잘 보존되어 있는 것을 전제로 한다. 앞의 일화에서도 1984년 사건 당시의 증거물에 대해 2014년에 DNA 분석을 실시해 불일치 결과를 얻었다. 아무리 오랜 세월이 흘러도 분석이 가능한 것이 DNA의 특징인데, 그 증거물은 냉동 시설에 보관해야 한다. 우리나라에는 아쉽게도 증거를 장기간 체계적으로 보관하는 시설과 규정이 미비하다. 미국의 대다수 주는 증거물 보존에 관한 법령을 마련해두고 있다. 우리도 이제라도 관련 법령을 만들고 증거물을 절취해 냉동 보관할 수 있는 국가 증거물 보존시설을 만들어야 하지 않나 생각한다.

그동안 결백 프로젝트에 의해 밝혀진 사실들에 대해 좀 더 얘기해보자. 미국에서 이 기구에 도움을 청하는 건수는 1년에 약 3000건에 이른다고 한다. 실제로 억울한 죄수가 얼마나 존재하는지는 별개의 문제겠지만 결코 적지 않은 수다. 그래서 면밀한 사전 조사를 거치고 검사의 동의나 법원의 허가를 받아야 본격적인 재조사에 들어갈 수 있다.

풀려난 죄수들의 사례를 분석해보면 거의 90퍼센트가 목격자의 잘못된 증언이나 밀고와 같은 인적 요소 때문이었다. 사람의 기억이 얼마나 취약한지를 잘 보여주는 예다. 물론 인종차별에 의한 악의적인 허위 증언도 있을 것이다.

그런데 한 가지 놀라운 사실은 법과학 증거에도 잘못된 판결이 내려지는 일이 종종 있다는 것이다. 물론 억울하게 감옥에 갇힌 대부분의 죄수가 법과학이 지금처럼 발달하지 않았고 DNA 검사라는 게 없던 시절에 기소된 경우임을 감안하더라도 충격적이다. 이 사실은 법과학의 오류 위험성이 늘 상존한다는 점을 전문가들이 인정하고 결과에 대한 맹목적 과신을 경계해야 함을 일깨워준다.

또한 '익산 약촌오거리 택시기사 살인사건'이나 '삼례 나라슈퍼 살인사건'에서 보듯 재심을 꺼려하는 우리나라 법조계의 정서도 풀어야 할 과제일 것이다. 미국에서는 DNA 분석을 통한 재조사가 필요한 경우 사건을 담당했던 검사들이 대부분 동의한다고 한다. 다소 뜻밖인 이 사실은 시사하는 바가 크다. "열 명의 도둑을 놓치더라도 한 명의 억울한 사람을 만들어서는 안 된다"는 옛말이 있듯이 법과학은 피의자의 죄를 입증하려는 수사관이나 검사뿐만 아니라 억울한 일을 당하지 않으려는 피의자나 변호인을 위해서도 존재해야 하는 서비스라고 강조하고 싶다.

4부

법정에서의 과학적 증거

과학과 판례

이현령비현령

법치국가에서 법률이 매우 중요하다는 것은 두말할 필요가 없다. 사적 이해관계가 얽힌 민사재판이든 범죄의 판단 및 처벌과 관련된 형사재판이든 법률에 근거해 최종적인 판단을 내려야 한다. 이 최종 판단을 내리는 사람이 바로 판사다. 그런데 세상에는 온갖 일이 벌어지기 마련이라 그 방대한 법전에 없는 판결을 내려야 하는 경우도 있다. 이럴 때 판사가 참고하는 것이 바로 판례다. 이와 비슷한 사건을 과거에는 어떻게 판결을 내렸는지 보는 것이다.

특히 '과학적 증거'를 가지고 진실을 다투는 재판에서 판례를 참조하곤 한다. 과학의 영역에는 판사도 쉽게 이해할 수 없는 내용이 있을 수 있기 때문이다. 여기서 '과학적 증거'

란 단순히 법과학 증거만을 말하지 않는다. 많은 논란을 일으켰던 '가습기 살균제' 사건* 때도 양쪽의 입장을 각각 지지하는 과학 논문과 자료들이 재판에 제출된 바 있다. 형사재판에 주로 쓰이는 법과학 증거뿐 아니라 이런 증거도 물론 과학적 증거에 속한다. 판사는 산더미같이 쌓인 과학적 증거를 모두 검토해야 한다. 사건과 관련이 있는 자료는 받아들이고 무관한 자료는 버려야 하며, 일단 받아들인 자료에 대해서는 완전히 이해하고 판단해야 한다. 정말이지 머리에 쥐가 날 만큼 힘들 것 같다. 그럼에도 어쨌든 '판결의 문' 안으로 올바른 정보만을 골라 들여보내는 것이 판사의 역할이다. 그래서 판사를 수문장에 비유하기도 한다. 과학이론이 복잡하게 얽힌 사건에서 수문장은 당연히 고민에 빠질 수밖에 없다. 특히 우리나라는 형사소송법(제308조)에서 "증거의 증명력은 법관의 자유판단에 의한다"라고 해서 소위 '자유심증주의'를 채택하고 있다. 증거를 받아들이고 말고는 법관의 자유판단에 맡긴다는 의미다. 그래서 해당 분야 전문가를 불러

* 가습기 살균제로 인해 사람들이 사망하거나 폐질환 등에 걸린 사건. 2020년 7월 17일 기준 사회적 참사 특별조사위원회 집계에 따르면, 환경부에 피해를 신고한 사람은 6817명이며, 그중 사망자가 1553명이다. 파악되지 않은 사망 피해자는 1만 4000명으로 추산되며, 건강피해 경험자는 67만 명에 달할 것으로 알려졌다. 당초 원인 불명의 폐질환으로 알려졌으나 역학조사 결과 가습기 살균제에 의한 것으로 밝혀져 2011년 11월 11일 가습기 살균제 여섯 종이 회수 조치되었다.

의견을 듣기도 하고(전문가 증언) 판례를 계속 뒤적이게 된다.

미국은 과학적 증거에 대한 판례의 역사가 깊고 그 내용도 다양하다. 우리나라와 달리 미국은 증거의 요건을 법에 따라야 한다는 '법정증거주의'를 채택하고 있어서 '미연방증거규칙Federal Rules of Evidence'이란 증거법도 존재한다. 미국은 과학적 증거는 논란의 여지가 많은 만큼 기준이 되는 판례 역시 다양하고 많은데, 이를 우리나라 법조인들도 많이 참고하고 있다. 그중 중요한 이정표가 되는 판례를 예로 들어 이야기를 이어나가보자. 사실 이 부분은 법조인의 입장과 법과학자의 입장이 조금은 다를 수 있어 조심스럽기도 하다. 어쨌든 나는 법과학 전문가의 입장에서 풀어보고자 한다.

앞의 글에서 이미 언급한 판례가 하나 있다. 바로 프라이 판례 혹은 프라이 기준이라 불리는 것이다. 프라이 판례는 미국의 프라이라는 사람이 자신의 결백을 주장하기 위해 자청해서 거짓말탐지기 검사를 받았지만 법원은 거짓말탐지기 결과를 증거로 채택하지 않은 판례이다. "거짓말을 하면 수축기 혈압이 올라간다는 개연성은 인정하지만 그것이 관련 전문가 집단에서 일반적으로 받아들여지는 사실로 입증된 바 없다면 증거가 될 수 없다"라는 게 판결문의 요지였다.

1923년은 미연방증거규칙(1975년에야 최초로 제정되었다)이 아직 없던 시절이다. 이 판례에서 중요한 구절은 '관련 전문가 집단에서 일반적으로 받아들여지는 사실'이어야 한다는 점이다. 여기서 말하는 전문가는 정확히 누구일까. 거짓말탐지기 검사관? 심리학자? 아니면 생리학자? 그 범위가 명확하지 않다. 또 '일반적으로 받아들여진다'(영어로 'generally accepted')는 말만큼 애매한 표현이 어디 있겠는가. '귀에 걸면 귀걸이, 코에 걸면 코걸이' 같은 기준에 대해 많은 비판이 쏟아졌지만, 과학적 증거에 대한 판단 기준 자체가 없던 시절이라 프라이 판례는 상당히 오랜 기간 과학적 사실을 다투는 사건에서 단골로 인용되어왔다. 형사재판에서 유죄를 입증하는 과학적 증거에 대해서는 '일반적으로 받아들여진다'의 의미를 대부분 엄격하게 적용했던 것 같다. 판결은 가능한 한 보수적으로 내려져야 하기 때문이다.

프라이 판례는 1993년에 제기된 한 민사사건에 의해 변화를 맞게 된다. 제이슨 도버트는 자신의 선천적 기형이 어머니가 임신 중 복용한 약물 때문이라며 이 약물을 제조한 메렐다우 제약회사를 상대로 손해배상을 청구했다. 임신 중에 입덧으로 고생하던 도버트 부인은 구토를 억제하는 벤덱틴이란 약물을 복용했는데, 그로 인한 부작용으로 선천적 기형이 생겼다는 주장이었다.

원고 측에서는 동물실험과 화학구조 분석을 통해 벤덱틴이 태아에 영향을 미칠 가능성에 대해 연구한 여덟 명의 전문가 의견과 관련 자료를 제출했다. 이에 맞서 메렐다우 제약회사 측은 벤덱틴이란 약물이 임산부에 미치는 영향에 대한 직접적인 역학조사가 없다는 점에 근거해 원고 측 주장을 반박했다.

1심과 항소심에서는 프라이 판례를 인용해 원고 측이 제출한 자료는 인간 태아에 대한 연구가 아니므로 '전문가 집단에 의해 일반적으로 받아들여지는 사실'에 해당하지 않는다며 원고 패소 판결을 내렸다. 원고는 판결에 불복하고 미 연방증거규칙에는 '일반적으로 받아들여진다'라는 명시 조항이 없다는 점을 들어 항소했다. 이에 연방대법원은 다양한 전문가의 의견을 청취한 후 파기환송했다. 과학적 증거의 신뢰성에 대한 판단 기준이 되었던 프라이 판례를 인용한 1심과 항소심을 뒤집은 것이다. 제약회사 측은 더 이상의 대응을 포기했다. 이에 불복하자면 벤덱틴 약물이 태아 발달에 영향을 미치지 않는다는 것을 입증할 방대한 추가 역학조사가 필요했고, 연구에는 막대한 비용이 들어가기 때문이었다. 결국 제약회사는 벤덱틴의 생산을 중단했다.

당시 대법원 판결에는 어떤 내용이 담겨 있었을까? 판사를 '수문장'에 비유한 표현이 이 판결에서 최초로 나온다. 지금도 자주 인용되는 '도버트 판례'에 대한 이야기를 이어가 보자.

도버트 재판에서 대법원의 판단은 원고 측이 제시한 벤덱틴의 화학구조로부터 추정되는 위험성이나 동물실험을 통한 기형 유발 사례를 증거로 받아들였음을 의미한다. 판결문에서는 과학적 증거가 받아들여질 조건으로 두 가지를 제시했다. 첫째, 제출한 자료나 증거가 재판의 쟁점과 얼마나 관련성이 있는가. 둘째, 과학적으로 얼마나 신뢰할 수 있는가. 그러면서 관련성에 대해서는 증거가 재판의 쟁점과는 직접적인 관련성이 없더라도 그것이 판사나 배심원이 사실관계를 파악하는 데 도움이 되는 과학적 사실이라면 받아들이고 평가해야 한다고 했다. 관련성의 범위를 대폭 늘린 것이다. 잠시 이런 예를 들어보자.

인류의 최대 난제인 암을 치료하기 위해 수많은 신약 개발 연구가 이루어지고 있고, 그동안 큰 진전이 있었다. 그렇지만 하나의 물질이 신약으로 인정받는 것은 낙타가 바늘구멍을 통과하는 것만큼이나 힘든 일이다. 일반적으로 신약 후보 물질은 실험실에서 배양한 암세포에 적용해 그중 항암효과를 보이는 물질을 골라내는 것으로 시작한다. 이때 효과를 보이는 후보 물질은 아주 많지만 실제로 인체에 적용했을 때도 효과를 유지하는 약물은 극히 일부다. 그야말로 확률과 운의 문제가 되어버린다. 실험실 내in vitro에서의 결과와 생명체 내in vivo에서의 결과는 다를 수 있기 때문이다.

예컨대 생체 내에서는 암세포 주변에 다른 세포도 많고 약물이 생체 내에서 여러 가지 반응을 일으킬 수 있어서 약물의 효과가 매우 복잡한 양상으로 나타난다. 그나마 사람을 대상으로 한 임상시험은 그 기준이 매우 엄격해서 먼저 동물실험을 거치는데 이 또한 사람을 대상으로 한 결과와는 큰 차이를 보일 수 있다. 도버트 사건에서 동물실험 결과를 인정한 것은 사실과의 관련성을 판단하는 데 대단히 유연하고 획기적인 일이었다.

또한 프라이 판례에서 언급한 '일반적으로 받아들여진다'라는 것은 결국 과학적 증거에 대한 신뢰성과 연결된다. 참으로 애매한 이 조건에 대해 도버트 사건의 대법원은 나름의 기준을 제시했다. 일단 검증 가능한 이론이나 기술인지를 묻는다. 다른 사람이 해도 동일한 결과를 얻을 수 있느냐는 것이다. 그리고 그러한 결과를 논문 등으로 발표해 다른 전문가의 검증을 받았는가를 확인해야 한다고 했다. 만약 항상 확실한 결과가 나오지 않는다면 오류율이 어느 정도인지 밝혀야 한다. 마지막으로 이 모든 사실을 참고해 과학적 증거의 사실을 판단하는 수문장은 전문가가 아닌 판사라고 결론지었다.

두루뭉술한 프라이 판례를 구체화했고 신뢰성reliability과 관련성relevance을 판단의 잣대로 제시했다는 점에서 도버트 판례는 큰 의미가 있다. 그런데 이런 판단 기준도 절대적인 것은 될 수 없다는 것이 내 개인적인 생각이다.

2013년에 미국 FDA는 벤덱틴과 같은 성분으로 만든 약에 대한 판매를 승인했다고 한다. 그동안 지속적인 연구를 통해 안전성이 입증되었기 때문이라고 하니 명확한 기준이 무엇일까 하는 의문이 든다. 과학적 진실을 명확히 밝히기란 참 어려운 문제인 것 같다.

신뢰성과 관련해 기억해둘 만한 사건이 있다. 도버트 재판과 비슷한 시점에 또 다른 세기의 재판이 있었다. 전설적인 미식축구 선수 O. J. 심슨의 전처와 그녀의 남자친구가 살해된 사건이었다. 가장 유력한 증거는 현장 근처에서 발견된

피 묻은 장갑 한 짝이었는데 여기에서 심슨과 전처, 남자친구의 DNA가 검출되었다. 꼼짝없이 범인임을 입증하는 유력한 증거였다. 하지만 심슨 측의 변호인은 집요했다. PCR이라는 신기술을 이용해서 DNA 프로필을 밝히는 것은 일반적으로 검증되지 않은 것이라고 이의를 제기했던 것이다. 지금이야 PCR의 과학적 신뢰성은 논의 자체가 무의미할 만큼 입증된 것이지만 당시만 해도 생소한 기술이었다. 내로라하는 학자들이 법정에 출석해 증언한 결과 그 신뢰성이 받아들여진 것은 DNA 분석 분야에서는 매우 의미 있는 진전이었다.

그러면 심슨은 전처 살인범으로 죗값을 받았을까? 예상과는 반대로 심슨은 무죄가 확정되었다. DNA 증거는 인정되었지만 DNA가 검출된 장갑이 매우 작아 심슨의 손에 맞지 않았고 초동 수사 때 발견되지 않고 뒤늦게 제출된 증거였으며, 증거 확보와 관련된 기록이 미비하다는 변호인단의 주장을 받아들인 것이다. 유전무죄라고 했던가.

그렇다면 전문가의 검증을 거친 논문은 모두 신뢰할 수 있을까? 수많은 논문이 쏟아져 나오는 요즘에는 물음표가 달리는 부분이다. 다소 부실한 논문도 돈을 받고 실어주는 곳이 많기 때문이다. 논문의 수준을 판단하는 것은 법조인들에게는 결코 쉬운 일이 아니다.

이런 모든 문제점에도 불구하고 도버트 판례는 과학적 증거에 대한 하나의 이정표를 세웠다고 볼 수 있다. 하지만 4년 후 도버트 판례는 시험대에 오르게 된다. 로버트 조이너라는 폐암 환자가 20년 동안 다니던 회사인 GE(제너럴일렉트릭)를 상대로 소송을 제기했다. 그곳에서 근무하면서 취급한 PCB라는 화학물질 때문에 폐암에 걸렸다는 주장이었다. 원고는 생쥐의 복강에 직접 PCB를 주입해 폐암을 유발한 실험 결과를 증거로 제출했다.

1심은 GE의 손을 들어주었다. 동물실험에 사용된 PCB의 양이 너무 많고, 쥐에게 생긴 종양의 종류도 조이너에게 생긴 것과 달라 발병 인과관계를 규명하는 관련성이 적다고 판단한 것이다. 대법원도 과학적 증거의 허용성에 대해 1심 재판부가 재량권 남용을 행사한 건 아니라고 판시하며 GE의 승소를 확정했다. 도버트 판례와 비슷하지만 결과는 정반대인 듯하다. 관련성의 경중에 따라 증언의 수용 여부가 결정되며, 과학적 증거를 받아들일지 말지는 법원의 재량권이라고 하지 않았던가.

우리나라 기업이 연관된 판례도 있다. 1993년 카마이클이란 사람이 자동차를 운전하던 중 뒷바퀴에 펑크가 났는데, 그 사고로 한 명이 사망했다. 그는 금호타이어를 상대로 소송을 제기했다. 금호타이어 측은 타이어의 자연 마모로 인한 사고라고 주장했고, 원고는 타이어에 결함이 있었다고 주장했다. 원고 측은 타이어의 디자인과 제조 과정상의 문제로 사고가 발생했다는 타이어 분석 실무자의 증언을 제시했다. 이 실무자의 의견을 전문가의 의견으로 인정할 것인지의 여부가 쟁점이 되었다. 그때까지 전문가란 주로 관련 분야의 전문 학자를 의미했으며 실무 경력의 전문가를 인정하는 분위기는 아니었기 때문이다. 그럼에도 법원은 실무 전문가의 의견을 증거로 받아들였다. 이 사건은 전문가의 정의와 범위를 넓힌 판례로 남게 되었다. 하지만 이 전문가의 주장은 최종적으로 받아들여지지 않았다. 다른 전문가의 의견이나 검증이 없어 사건과의 관련성을 충분히 설명하지 못했다고 보았기 때문이다. 대법원은 금호타이어의 손을 들어준 1심의 판결을 유지하면서 "판사의 과학적 증거에 대한 수문장 역할은 비단 과학적 지식에 근거한 전문가 증언뿐만 아니라 기술적 혹은 다른 전문지식에 근거한 전문가 증언에도 적용된다"는 견해를 밝혀 관련성의 범위를 더 넓게 판단할 수 있다는 점을 분명히 했다.

지금까지 길게 이야기했지만 확실히 정리하기에는 여전히 애매한 부분이 있다. 도버트 판례는 프라이 판례의 문제점을 극복하고 과학적 증거에 대한 좀 더 유연한 입장을 추구한 황금 판례로 자주 인용되고 있지만 그 이후 오히려 과학적 증거의 수용에 대해 더 까다로운 잣대로 이용되어왔다는 비판이 많은 것도 사실이다.

심증과 확증 사이 1

판사가 보는 법과학

과학수사보다는 법과학이라는 용어가 더 적절하며, 그 이유는 법정에서 다투는 것은 결국 법과학적 증거이기 때문이라고 했다. 열심히 노력해서 증거를 분석하고 결과를 법정에 제출해도 수문장인 판사가 받아들이지 않는다면 아무런 소용이 없을 것이다. 그렇다면 '판사가 원하는 법과학 증거란 과연 무엇일까'를 생각해보지 않을 수 없다. 다음 범행 일지가 누구 것인지 짐작할 수 있는가?

2003년 9월(1차): 서울 강남구 신사동 주택 노부부 살해
2003년 10월(2차): 서울 구기동 주택 3대 가족 살해, 이후 3차, 4차 살인

2004년 3월(5차): 직업여성 살해 및 시신 훼손, 이후 6~15차 살인

2004년 7월(16차): 출장 마사지사 유인 살해, 시신 훼손

2004년 7월 15일: 1차 검거, 도주 후 7월 16일 재검거

모두가 아는 한 살인마가 저지른 범행들이다. 1년도 안 되는 기간 내에 16회에 걸쳐 무려 스무 명이나 되는 무고한 사람을 잔혹하게 살해한, 정말 기억하고 싶지 않은 사건이다. 범인 유영철은 사회에 불만을 품은 전형적인 사이코패스였다.

범인은 불우한 어린 시절을 보내고 일찍부터 범죄의 길에 들어섰다. 이혼을 한 뒤에는 전처에 대한 배신감으로 사회에 대한 증오를 품었다. 그의 엽기적인 범죄는 교회와 인접한 고급 주택가의 한 노부부를 살해하는 것으로 시작되었다. 수사망이 좁혀오자 그는 한동안 살인을 멈추고 자제하며 한 여성과 동거를 했다. 그러다 여성이 떠나버리자 사이코패스적인 증오가 다시 살아났다. 이제 그는 젊은 직업여성을 대상으로 잔혹한 살인을 저지르기 시작했다. 특정한 번호의 연락을 받고 외출한 마사지 업소 여성들이 연쇄적으로 실종되기 시작했고, 경찰은 잠복수사 끝에 용의자를 검거하는 데 성공했다. 이제 연쇄살인은 멈추었지만 문제는 검거 이후였다.

범인은 경찰 수사 단계에서 모든 범행을 자백했다. 하지만 검찰에 넘겨진 후에는 진술을 거부하거나 자신과 상관없는 몇몇 미제사건도 자신의 범행이라고 횡설수설하면서 지능적

으로 수사를 방해하는 듯한 행동을 했다. 수사 단계에서 일체의 범행을 자백해놓고 정작 재판에 가서는 모두 부인할 경우 상당히 골치가 아프기 때문에 범행을 입증할 확실한 증거가 필요했다.

가장 확실한 물증은 범행에 사용된 해머였지만 1차 감정에서는 DNA의 흔적을 찾아내지 못했다. 더구나 범인이 소지하고 있던 상태에서 압수한 것이 아니라 경찰의 실수로 도주할 때 버린 것을 찾아낸 것이었다. 따라서 범행 관련성을 입증할 DNA를 찾지 못하면 증거로 인정받을 수 없는 상황이었다. 고민을 거듭하던 담당 검사는 대검찰청 DNA 감정실에 DNA 분석을 재의뢰했고, 감정을 의뢰받은 나는 커다란 숙제에 직면하게 되었다.

1차 감정 때 놓친 DNA의 흔적을 찾아내는 것은 쉽지 않은 일이다. 해머를 앞에 놓고 고민하던 중 범인이 해머를 조립했다는 검사의 말이 순간 귀에 박혔다. 그렇다면 증거물이 해머 안쪽으로 흘러들었을지도 모른다는 생각이 들었다. 혹시나 하는 마음에 해머를 분리했고 다행히도 여기에서 피해자의 DNA가 검출되었다. 그렇게 극적으로 찾아낸 DNA는 피해자 중 한 명의 것에 불과했지만 그 의미는 실로 대단한 것이었다. 후일 발간된 수사백서에는 "검찰의 법과학 분석으로 규명된 결정적 증거로서 해당 사건은 물론이고 모든 살인범행의 자백 신빙성 판단에 미치는 파급효과가 지대하였다"라고 기재되었다.

판사는 피고인이 자백한 내용을 뒷받침하는 확실한 증거를 원하기 마련이다. 비록 일부 범행 사실에만 적용된다 하더라도 의심할 여지가 없는 확실한 증거여야 할 것이다. 이렇듯 판사는 제출된 법과학 증거가 얼마나 정확한지, 과연 의심할 여지가 없는지를 살필 수밖에 없다. 하지만 법과학은 범위가 워낙 넓어서 각 분야에 대해 판사가 평가하는 신뢰도는 각각 다를 수 있다.

아래의 내용은 한 법조인이 학술행사에서 판사들이 보는 과학적 증거의 종류에 관해 발표한 논문을 요약한 것인데, 일반화의 위험은 있지만 '법관들은 대체로 이렇게 생각하는구나' 하고 엿볼 수 있다.

첫 번째는 '가장 강한 정도의 과학적 증거'로 DNA 분석, 화학 분석 등 이화학적 분석에 기초한 증거를 말한다. 증거로서 쉽게 인정될 뿐 아니라 범죄 사실을 입증하는 높은 증명력을 부여받는다. 학계나 관련 사회에서 원리나 이론이 잘 정립되어 있다고 받아들여지기 때문인데, 적법한 절차를 거쳐 제출된 증거라면 별다른 이의 없이 수용되는 편이다.

두 번째는 '반증의 여지가 있는 과학적 증거'다. 과학적 타당성이 충분하다고 해도 경험적, 확률적으로 반증의 여지가 있다면 증명력을 상대적으로 낮게 평가하는 경향이 있다. 마약 복용 사건의 증거로 제출된 주사기에서 필로폰이 검출되고 피의자의 DNA도 확인되었는데, 함께 제출된 모발에서는 필로폰이 검출되지 않아 무죄를 다투는 사건이 있었다. 재판부는 주사기에서 검출된 DNA를 우선적 증거로 받아들여 유죄를 선고했다. 모발 검사에서는 염색약 등으로 모발이 손상된 경우, 그리고 축적되는 필로폰의 양이나 모발 성장 속도에 따라 검출이 안 될 수도 있다고 본 것이다. 마약 분석이라는 동일한 분야 내에서도 모발 분석에 대한 결과는 반증의 여지가 있다고 보아 증명력을 상대적으로 낮게 평가한 사례다.

세 번째는 '감정관이나 전문가의 주관적 분석이 결합하는 과학적 증거'다. 바로 필적 감정, 문서 감정, 음성 분석, 교통사고 분석 등을 의미하는데 DNA나 이화학 분석의 적용 기술은 객관성을 확보한 반면, 이들 분야는 감정인의 전문성에 따라 신뢰도가 달라지는 주관적 기술에 해당한다고 보는 것이다. 필적 감정의 경우에는 피고인의 동의하에 법정이 증거로 받아들이거나 분석한 사람의 직접 진술로 성립의 진정성이 증명되는 경우에만 증거로 받아들일 수 있다고 보는 시각도 있다.

마지막으로 '이론적 합리성 요건의 충족을 전제로 하는 과학적 증거'로 가장 회의적으로 분류되는 증거다. 제시된 과학적 이론이 일반적으로 승인되었다고 볼 수 없고 오류와 반증의 여지도 커서 엄격한 전제조건을 갖추었음이 인정되어야만 제한적으로 증거로 인정할 수 있다는 것이다. 프라이 판례로 유명한 거짓말탐지기가 여기에 해당한다.

지금까지 살펴본 바와 같이 법정에서 법과학에 대한 신뢰성은, 제시된 과학적 증거가 관련된 이론이나 기술이 어떤 분야인가에 따라 차이가 있는 것 같다. 오랜 세월 판결이 축적되는 과정에서 법조인들이 가지게 된 생각을 대변하는 듯하다.

하지만 법과학이란 우물을 평생 파온 나는 조금 생각이 다르다. 무엇보다 오래된 판례를 바탕으로 한 법조계의 판단은 빠르게 발전하는 기술 변화를 반영하지 못한 측면이 있다. 디지털 기술의 혁명으로 DNA나 이화학 분석뿐만 아니라 다른 분야도 이론이나 실제적인 면에서 과학적 타당성이 한층 높아졌기 때문이다. 예를 들어 앞에서 살펴보았듯이 많은 연구 결과 거짓말탐지기의 정확성은 90퍼센트를 상회하는 것으로 밝혀졌다. 그런데도 여전히 프라이 판례에서 자유롭지 못하다. 주관적 판단이 개입된다고 해서 무조건 과학적 타당성이 떨어진다고 생각하는 것은 현대 과학의 발전을 감안한다면 옳지 않다. 가장 객관적인 결과를 도출한다는 DNA 분석에도 전문가의 주관적 해석이 들어간다. 결론적으로 법과학 증거의 타당성에 대해서는 새로운 시각의 판례가 더 많이 축적되어야 할 것이다.

'법과학은 과학이 아니다'라는 날선 비판도 있다. 그렇기에 법과학 전문가는 법정에서 절대적이고 최종적인 권한을 가진 판사에게 충분한 정보를 제공하고 잘 설명해야 할 의무가 있다. 물론 법과학자도 판사가 쉽게 이해하고 받아들일 수 있는 법과학 증거를 제출하기 위해 노력해야 할 것이다. 다음에서는 그 이야기를 해보자.

심증과 확증 사이 2

우도비

'증명력'이라는 개념을 한마디로 요약하면 '증거의 실질적인 가치' 정도가 될 것이다. 재판에서 진실을 밝히는 데 해당 증거가 얼마만큼 쓸모가 있느냐는 것이다. 법과학은 분야가 다양할 뿐 아니라 사안에 따라 증거의 내용도 달라지기 때문에 재판부가 증명력을 정확히 판단하기란 결코 쉽지 않은 일이다.

예를 들어보자. 살인사건이 일어났는데 유일한 단서는 현장에서 발견된 운동화 밑창 자국이었다. 사이즈는 290밀리미터로 밑창 무늬가 독특한 제품이었다. '홍길동'이 용의자로 체포되었고, 그의 집에서는 사이즈와 밑창 자국이 똑같은 운동화가 발견되었다. 재판에서 판사는 현장에 운동화 자국을 남긴 사람이 과연 '홍길동'인지를 판단해야 한다. 이때 운동화 사이즈가 260밀리미터가 아니고 290밀리미터라는 것은 의미가 있는 단서다. 신발 사이즈가 260인 사람은 많지만 290인 사람은 드물기 때문이다. 드문데도 사이즈가 일치하니 판사는 운동화 자국의 주인이 '홍길동'이라는 심증을 갖게 된다. 더구나 밑창 무늬를 보면 국내에서 소량만 판매되는 신발이라 심증은 더더욱 굳어질 것이다. 그런데 이런 심증을 절대적으로 평가할 수 있을까? 매우 어려운 일이지만 심증의 정도를 숫자로 표현하는 방법이 있으면 어느 정도 가능하지 않을까? 숫자는 상대적인 크고 작음의 비교가 가능하니까 말이다.

판사의 머릿속에 떠오르는 이런 판단은 비록 수치로 표현된 것은 아니지만 다음의 두 가지 가정을 비교해서 얻은 확률의 개념에서 나온 것이다(통계나 논리학 시간에 배우는 '귀무가설'과 '대립가설'을 적용한 것이다).

원고(검사) 측 주장: 족적은 홍길동의 것이다.
피고(피의자) 측 주장: 족적은 홍길동이 아닌 다른 사람의 것이다.

두 입장에 대한 확률을 비율로 표시할 수 있다면 원고의 주장이 피고의 주장보다 어느 정도나 신뢰도가 높은지를 가늠할 수 있을 것이다. 우선 검사의 입장에서 보면 족적 사이즈와 바닥 무늬가 홍길동의 운동화와 일치했으므로 검사의 주장과 일치하는 확률을 '1'로 표시할 수 있다. 문제는 피의자 측 입장으로, 족적이 다른 사람의 것인데 우연히 일치했을 뿐이라는 주장이므로 이 확률이 1보다는 작을 것이나 어느 정도인지를 말하기는 어렵다. 그러나 다음과 같이 뒷받침하는 통계자료가 있다면 계산이 가능하다.

예를 들어 우리나라 사람 중 신발 사이즈가 290밀리미터인 사람의 비율이 10퍼센트이고 해당 밑창 무늬와 동일한 제품의 운동화를 신는 사람이 1퍼센트 정도라는 통계자료가 있다면, 피의자 측의 주장과 일치하는 확률은 0.001(0.1퍼센트)이다. 족적 증거만 놓고 본다면 검사의 주장이 맞을 확률이 피의자의 주장에 비해 1000배 정도 높다고 얘기할 수 있다. 그렇지만 이 확률비는 신발 제품에 적용한 통계자료가 어느 정도 신뢰할 만하다는 것을 전제로 한다. 이 확률비는 절대적인 수치가 될 수는 없겠지만 그 증명력을 상대적으로 가늠하는 잣대는 될 수 있다. 바로 '숫자의 힘'이다.

DNA 분석에서 제일 먼저 도입되어 재판에서 사용되고 있으며, 다른 법과학에도 적용해봄직한 이 개념은 수학 확률 이론에서 배우는 우세한 정도를 나타내는 비율, 즉 '우도비 Likelihood Ratio'(LR)라는 것이다. 예를 들어 각종 암에 대한 생존율을 예측하는 등 많은 과학기술의 통계나 확률에는 우도비의 개념이 빠지지 않고 등장한다. 법과학에 이 개념을 도입하면 증명력의 척도로 사용할 수 있다. 증명력의 척도로 우도비를 사용하는 것이 적절한지에 대해 전 세계 법조인과 법과학자들 사이에서 논쟁이 벌어지고 있다. 판례와 논문을 살펴보면 법조계에서는 DNA 증거를 제외한 나머지 분야에 대해서는 우도비를 증명력의 척도로 사용하는 것이 부적절하다는 의견이 우세한 것 같다. 하지만 법과학과 통계학자들은 증명력의 경중을 따지는 척도로 우도비를 사용하는 것은 '만능은 아니지만 최선의 방법'이라는 입장이다. 증명력에 대한 의견을 단지 서술적으로 표현하는 것보다는 수치로 표현하는 것이 훨씬 더 객관적이기 때문이다. 우도비 계산에 사용되는 통계 값은 참값이 아닌 표본자료에 근거한 근삿값이지만 많은 자료에서 추출된 데이터일수록 참값에 가까워진다. 우도비가 심증의 차이를 가늠하는 척도로 사용 가능하다면 미래에는 DNA 증거와 마찬가지로 법정 제출 증거에 사용되는 날이 오지 않을까?

우리나라 법과학의 현재와 미래

많은 사람이 한국의 과학수사는 세계 최고의 수준이라고 인식하고 무한한 신뢰를 보내고 있다. 30여 년을 이 분야에 몸담았던 사람으로서 뿌듯하지 않을 수 없다. 하지만 이런 인식은 반은 맞고 반은 틀렸다.

DNA 분석을 예로 들면 미국이나 유럽의 법과학자들은 한국의 법과학 감정 능력에 놀라움을 표한다. 자국의 현실에서는 불가능한 기간 내에 빠르면서도 정확한 분석 결과를 내는 것에 의심의 눈초리를 보낼 정도다. 원칙과 절차를 중시하는 그들의 문화에는 생소할 수도 있으나 한국인 특유의 성실함(주요 사건인 경우에는 종종 밤을 새워가며 감정한다)과 '빨리빨리' 문화에 기인한다고 볼 수 있겠다.

하지만 우리나라가 많은 분야에서 그렇듯 과학수사에서도 '패스트 팔로워fast follower'는 될지언정 '퍼스트 무버first mover'는 되지 못한다는 것이 솔직한 생각이다. 한두 가지 문제점을 적어본다.

우선 법과학에도 기관 이기주의나 경쟁 논리가 작동해 기관 간 협력이 그리 잘 이루어지지 못하는 경우가 있는 것도 사실이다. 법과학이 주로 국가 기관에서 수행하는 일이다 보니 기관의 입장을 먼저 고려해 소모적인 논쟁이나 경쟁을 한 적은 없는가 반성도 해보게 된다. 무엇보다 아쉬운 점은 법과학 발전을 위한 장기적이고 통일된 비전이 부족하다는 것이다. 비전을 만들자면 다자간 협력이 가능한 국가 컨트롤 타워가 필요한데 이를 설립하기 위한 노력조차 찾아볼 수 없다는 점은 무척 아쉽다.

또 선구적인 새로운 연구를 수행하고 그 결과물을 실제 업무에 적용하는 능력이 아쉽다. 국내에서 기술을 개발하기보다는 외국의 기술이나 시약을 들여와 그대로 적용하거나 약간 변형해 사용하는 것이 우리나라 법과학의 현주소가 아닐까 싶다. 넘쳐나는 사건의 분석 업무를 하다 보면 연구로 눈 돌릴 시간이 부족하고, 단기적 성과를 중요시하는 연구개발 정책의 한계도 있겠지만 가장 큰 요인은 역시 법과학 발전을 위한 국가적 협의체가 없는 것이 아닌가 한다. 그럼에도 불구하고 법과학에 종사하는 전문가라면 남다른 사명감을 가지고 국내 기술을 개발하는 데에도 노력을 기울여야 할 것이다. 또한 모처럼 좋은 기술을 독자적으로 만들어놓고서도 법적, 사회적 합의나 검토가 이루어지지 않아 사장되는 일도 없어야 할 것이다.

한국이 진정한 법과학 강국이 되기 위해서는 법과학 정책을 결정하는 주체가 더욱 명확해져야 하는 것은 기본이고, 실무를 수행하는 관련 기관과 인력들이 국가적 관점에서 문제를 바라보는 태도가 중요하다. 그래야 과학수사에 큰 관심을 가지고 미래를 꿈꾸는 젊은 세대에게 아직은 좁은 '과학수사 전문가'의 길이 활짝 열리지 않겠는가.

이 책을 읽고 '나도 이러이러한 분야의 분석실에서 일하는 법과학 전문가가 되고 싶다'는 꿈을 갖게 된 독자들이 있다면, 이 길을 먼저 걸어온 사람으로서 꼭 당부하고 싶은 말이 있다. 우선은 막연한 흥미에서 벗어나 명확한 목적과 사명감을 가지라고 말하고 싶다. 법과학자는 CSI 드라마에 나오는 것처럼 만능인이 아니다. 때로는 단순한 과정을 지겹게 반복하는 노동을 해야 하며 그 결과에 대해서는 무거운 책임을 느낄 수밖에 없는 직업이다. 그렇지만 그런 노력으로 사건의 진실이 밝혀졌을 때 느끼는 뿌듯함과 희열은 이 모든 것을 보상해준다. 요컨대 사명감은 법과학 전문가가 갖춰야 하는 첫 번째 덕목이다.

연구나 교육에 몸담은 나의 대학 동기들은 똑같이 생물학을 전공했음에도 불구하고 DNA 감정의 내용에 대해서는 잘 알지 못한다. 법과학을 구성하는 학문을 전공했더라도 도중에 그만두고 연구나 교육 분야로 옮기기는 쉽지 않다. 나 역시도 일에 대한 회의가 들어 이직을 고민한 적이 있었는데 밖으로 눈을 돌려보아도 전공을 활용할 다른 길이 보이지 않아 절망했던 기억이 있다. 한 우물을 오래 파야 자긍심도 생기고 작은 성취도 이룰 수 있기에 우직함도 필요하다. 무엇보다 진정한 전문가가 되려면 관련 학문의 기초를 차근차근 공부하기를 바란다. 특히 기계학습이나 딥러닝을 넘어 획기적으로 발전하고 있는 인공지능은 향후 법과학에서도 매우 중요한 분석 도구가 될 것이다. 따라서 통계학이나 데이터과학에 대한 기본 지식은 필수다.

결코 쉽지 않은 길이지만 사회에 꼭 필요한 의미 있는 일을 한다는 것이 법과학의 가장 큰 매력이라고 생각한다. 독자들 중에서 흥미를 사명감으로 승화시켜 꿈을 키워나가는 미래의 과학수사 전문가가 생겨나길 소망해본다.

법과학과 함께한 30년

우연하고도 특이한 선택

학교 실험실에만 처박혀 있기에는 아까운 1991년 봄날, 나는 생명공학 분야의 연구원으로 일하던 직장을 그만두고 박사학위 논문 준비를 위해 다시 학교에 다니고 있었다. 직장에 다니면서 파트타임으로 박사학위를 취득한다는 것은 생각할 수도 없을 만큼 학위 과정이 엄격한 시절이었다. 특히 생명과학은 실험을 통해 연구 논문을 내야 하는 분야여서 돌볼 가족이 있는 가장의 책무를 어쩔 수 없이 내려놓고 실험 연구에 매진하던 중이었다. 실험이란 게 노력은 기본이고 약간의 운도 따라주어야 하는데, 급한 마음과 달리 내 연구에는 운이 따라주지 않아 심란하던 차였다.

어느 날, 학과 게시판에 붙은 채용공고를 보게 되었다. 자연과학 대학에는 어울리지 않는 대검찰청의 공문이었는데 '유전자 감식' 분야에서 일할 공무원을 특채한다는 내용이었다. 게시판을 쳐다볼 일이 없던 내가 우연히 그 공고를 보게 된 것도 돌이켜보면 운명이 아니었나 싶다. 이후 법과학이라는 우물을 30년 동안 파게 되었으니 말이다. '유전자 감식'이란 말이 생소해 자료를 찾아보았더니 DNA를 이용해서 범인을 잡는 것이란다. 당시 우리나라는 물론 세계적으로도 도입 초기 단계인 새로운 분야였다. 왠지 호기심이 생겼고, 워낙 생소한 분야여서 조금만 열심히 하면 금세 두각을 나타낼 수 있을 것 같았다. 그런 단순한 생각으로 지원하게 되었고 다행인지 불행인지 덜컥 합격했다.

그렇게 법과학자로 첫발을 디디게 되었다. 세상의 위대한 발견이나 발명도 우연히 이루어지는 일이 심심치 않게 있다. 법과학 DNA 감정을 최초로 수행한 영국의 유전학자 앨릭 제프리스 교수도 실은 다른 연구 도중에 사람마다 DNA가 다르다는 것을 알고 유전자 감식을 수사에 도입할 수 있겠다는 아이디어를 떠올렸다고 한다. 내가 법과학자의 길에 들어선 것도 그야말로 우연이 아닐 수 없다.

우리나라 DNA 감정의 문을 열다

원대한 포부를 안고 공무원으로 첫발을 내디뎠다. 그 당시에는 사회를 불안에 떨게 했던 화성연쇄살인사건이 범인을 잡지 못한 채 오리무중이었다. 그때만 해도 우리나라에는 유전자 감식 기술이 없었기 때문에 사건 증거물을 일본에 의뢰하고 있던 상황이었다. 내게 주어진 과제는 유전자 감식 기술을 하루빨리 개발하는 것이었다. 하지만 상황은 매우 열악했다. 내가 속한 대검찰청은 대부분 검사와 검찰 공무원들로 구성된 조직이다 보니 자연과학에 대한 이해가 거의 없는 상황이었고, 기술 개발 계획을 짜고 실험실을 설계하고 필요한 실험 장비들을 사들이는 일까지 모든 사항을 처음부터 추진해야 했다. 그야말로 무에서 유를 창조하는 과정이었다. 젊은 패기로 고생은 얼마든지 견딜 수 있다지만 당장 기술 개발을 시작할 최소한의 인프라도 없는 게 문제였다. 마침 과학수사 자문 역할을 하던 서울대학교 의과대학 법의학교실의 배려로 서울대 의대 실험실을 사용하기로 했고, 법의학교실과 공동으로 유전자 감식 기술 개발 연구를 시작할 수 있었다.

당시에 HLA DQα라는 간편 유전자 감식 키트가 국내에 막 도입되었고 제프리스 교수가 사용했던 RFLP 방법을 도입하려는 시도가 있었는데, 이 RFLP 방법은 빠르고 편리했지만 범인을 가려내는 목적으로 사용하기에는 식별력이 형편없었다. 이런 단점 때문에 나는 미국이나 영국에서 사용하고 있던 VNTR 마커 분석 기술을 자체적으로 개발하기 시작했다. 결과는 예상보다 빠르고 좋았다. D1S80, ApoB, YNZ22라는, VNTR 마커에 대한 세 개의 분석법을 개발했다. 이 기술은 머리카락 몇 올만으로 분석 결과를 얻을 수 있을 만큼 실용적이었다.

첫 결과를 확인하기 위해 두근거리는 마음으로 암실에 들어가 자외선램프로 결과물을 비추어보던 순간이 지금도 기억난다. 선명하게 나타난 DNA 밴드를 보고 나도 모르게 환호성을 지르고 말았다. 1992년 2월의 일이었고, 이 성과는 방송과 신문에도 대대적으로 보도되었다. 난생처음 인터뷰에도 응하면서 뭔가 해냈다는 생각에 가슴이 벅차올랐다.

하지만 이러한 성취는 작은 시작일 뿐이었다. 당시 미국과 유럽에서는 VNTR 마커보다 장점이 많은 STR 마커 분석법(현재도 STR 분석이 DNA 감정의 주된 기술이다)으로 대체하기 위한 기술 개발에 힘을 쏟고 있었다. 우리가 뒤처지면 안 된다는 생각에 나는 그해 봄에 바로 미국행 비행기에 몸을 실었다. 워싱턴 DC에서 가까운 버지니아주 콴티코라는 작은 타운에 FBI 연수원과 법과학연구소가 자리잡고 있었는데, 방문과학자 자격으로 FBI 법과학연구소에서 STR 분석법 개발 공동 연구를 할 기회를 얻었기 때문이다.

나는 주중에는 FBI 연수원 기숙사에 머무르면서 연구 활동에 매진했고, 주말에는 워싱턴 DC 인근에서 유학 중이던 선배나 친구의 집에 머무르면서 외국 생활을 즐겼다. 낯선 곳이었고 말도 잘 통하지 않았지만, FBI 연구원들은 내게 참 친절히 대해주었다. 그곳에서 브루스 부도울, 존 버틀러 등 DNA 법과학 분야에서 내로라하는 사람들도 알게 되었는데, 한국으로 돌아온 뒤에도 그들과의 인연은 계속되어 좋은 동료로서 서로 협력했다. 약 5개월의 짧은 시간이었지만 FBI에서 정말 많은 것을 배웠다. 이제 영어로 의사소통이 좀 된다고 느낄 때쯤 떠나게 되어 무척 아쉬웠다.

나는 그동안 연구한 결과를 토대로 1993년에 STR 분석법을 국내에 처음으로 도입하는 데 성공했다. 그리고 기존의 VNTR 마커와 병행해 사건 감정에 적용해나갔다. 몇 년이 지난 후에는 당시 FBI에서 연구하던 기술이 상업적인 STR 분석 시약으로 출시되어 전 세계로 퍼지게 되었다. STR 분석의 시대가 열린 것이다.

이 외에도 나는 또 다른 커다란 비전을 품고 있었다. FBI에 있을 때 당시 개발 중이던 CODIS(Combined DNA Index System)라는, 미국의 국가 범죄자 DNA 데이터베이스를 운영하는 핵심 프로그램을 직접 보고 큰 자극을 받았다. 그것은 내가 머릿속에서만 그리던 아이디어였다. 그때부터 범죄자 DNA 데이터베이스는 막연한 아이디어에서 내 평생의 프로젝트가 되었다.

20년 만에 이룬 꿈, 범죄자 DNA 데이터베이스

유전자 감식의 길에 들어선 후 나는 DNA가 범죄 수사에 정말 중요하게 쓰일 수 있다는 사실을 깨달았다. DNA는 사람마다 다르다. 그리고 범죄 현장에는 반드시 DNA가 남게 마련이다. 따라서 그 DNA가 누구 것인지를 밝히면 범인을 잡을 수 있다. 물론 이를 위해서는 DNA를 대조할 용의자가 있어야 한다. 증거에서 아무리 완벽한 DNA 프로필을 얻어도 용의자가 전혀 없으면 무용지물이 될 수 있다. 하지만 전 국민의 DNA 프로필을 알고 있다면? 아니 대상을 좁혀 범죄

가능성이 높은 사람들의 DNA 프로필을 미리 확보하고 있다면? 막연하게 아이디어로만 갖고 있던 생각인데, 미국에서는 이미 구체적으로 연구하고 실현하려는 것을 보고 그냥 앉아 있을 수만은 없었다. 그때부터 간부들을 설득하기 시작했다. DNA 데이터베이스가 왜 필요한지, 외국에서는 어떤 단계까지 발전했는지를 열심히 설명했다. 관련 법률이 필요하고 많은 예산이 들어가는 일이라 타당성을 설득하기가 쉽지는 않았다. 그러나 마침내 내 제안을 구체화하는 심의회가 구성되었고 의결을 통해 기본적인 법률안의 골격을 마련하는 일에 착수했다.

그런데 얼마 지나지 않아 이 사실이 언론과 시민단체에 알려지게 되었다. 참여연대를 비롯한 일부 시민단체들은 즉각 DNA 데이터베이스의 도입을 반대하고 나섰다. 민감한 유전정보를 담고 있는 DNA 자료를 국가가 관리하는 것은 기본권과 프라이버시에 대한 명백한 침해이며 헌법에 규정된 과잉 금지의 원칙*에 어긋난다는 논리였다. 설사 그 효과와 필요성이 인정된다고 해도 권력기관이 DNA 자료를 오남용할

* 헌법 제37조 제2항. "국민의 모든 자유와 권리는 국가 안전보장·질서 유지 또는 공공복리를 위하여 필요한 경우에 한하여 법률로써 제한할 수 있으며, 제한하는 경우에도 자유와 권리의 본질적인 내용을 침해할 수 없다." 국민의 기본권을 제한하는 법이 헌법적으로 인정을 받으려면 목적의 정당성, 수단의 적합성, 침해의 최소성, 법익의 균형성 등 네 가지 요건을 모두 갖춰야 한다는 것으로 '비례의 원칙'이라고도 한다.

것이라는 주장도 제기되었다. 기본권 침해 문제는 그렇다 치더라도 권력기관을 믿지 못하는 정치적 논리에 가로막히자 가슴이 답답해지기 시작했다. 기본권 침해 논란도 그렇다. 충분한 안전장치를 마련하고 있음에도 반대의 목소리에 묻혀 사실이 전달되지 못하고 있었다. 민감한 유전정보는 포함하지 않고 신원 확인에 필요한 단순 숫자 프로필만, 그것도 인적 사항과 분리해 누가 누구인지 알 수 없게 관리하겠다는 설득이 전혀 먹혀들지 않았던 것이다. 미제사건을 해결하는 강력한 수단이 되기보다는 엉뚱한 사람을 범인으로 몰아갈 위험이 있다는 것도 반대의 논리 중 하나였다(하지만 DNA 데이터베이스를 시행한 지 10년 이상이 지난 현재, 추진 과정에서 나왔던 우려의 목소리는 거의 사라졌다. 오히려 미제사건을 해결하는 강력한 수사지원 제도로 정착했다).

답답한 시간이 계속 흘러갔다. 사실 범죄자 DNA 데이터베이스에 대한 우려의 목소리가 나온 게 우리나라만은 아니었다. 1994년에 세계 최초로 이 제도를 도입한 영국을 비롯해 미국과 유럽 국가들에서도 이런 목소리가 나왔지만 결국 기본권 침해의 정도에 비해 기대되는 공익이 크다는 소위 '이익(비교)형량의 법칙'이 더 큰 공감을 얻었다. 그러나 국내에서는 반대의 목소리가 워낙 커서 일단 도입 추진을 접을 수밖에 없었다.

그로부터 10여 년이 지난 2004년에 다시 논의가 시작되었고, 이번에는 결실을 맺어 2010년부터 소위 'DNA법'이 시행되었다. 처음 제안된 지 20년 가까이 지나서야 비로소 세상의 빛을 볼 수 있었던 것이다. 아이디어와 첫 시도는 다른 어느 나라와 견주어도 뒤지지 않았지만, 참으로 오랜 인내의 세월을 필요로 했다. 아마 그사이에 놓친 미제사건의 흉악범도 무척 많았을 것이다.

DNA 데이터베이스의 필요성을 역설할 때 내가 빼놓지 않고 예를 드는 사건이 있었다. 바로 '대전 발바리'라고 알려진 연쇄 성폭행범인데, 1998년부터 2005년까지 무려 120여 명의 여성에게 성폭행을 저지르는 동안 잡히지 않고 버젓이 활개치고 다녔다. 데이터베이스가 있었으면 범행 초기에 검거함으로써 많은 여성의 피해를 막을 수 있었던 안타까운 사건이다.

도입 추진이 보류된 시간 동안 그저 포기한 건 아니었다. 아니, 포기할 수 없었다. 오히려 많은 정보를 축적하는 기회로 삼았으며 나라의 안녕을 위해 꼭 필요한 일이라는 신념을 버리지 않았다. 우선은 시민들에게 제도의 취지를 알리고 공감대를 형성할 수 있는 자리를 마련하는 게 필요했다. 물론 이 일들은 경찰, 국과수 등 관련 기관과의 긴밀한 협력을 통해 이루어졌다. 법 제정 전까지 세 번의 공청회를 열었고, 인권위원회의 토론회에 참석하고 관련 학회에서 여러 차례 발표하는 등 범죄자 DNA 데이터베이스의 필요성을 알릴 수 있는 자리라면 어디든 달려갔다. 이런 노력에도 불구하고 언론이 여전히 우려를 부각하는 기사를 실으면 안타깝고 속상했다. 라디오 생방송 토론회에도 나갔는데, 반대편 패널 중 권력기관에 의한 정보 오남용의 가능성을 강조하는 출연자에게 "만약 그런 일이 발생한다면 나부터라도 이 제도의 운영을 접는 데 앞장서겠다"라며 목소리를 높였던 기억이 있다. 하지만 이 제도가 시행된 이후 우려하던 일은 일어나지 않았다.

범죄자 DNA 데이터베이스가 도입되면 즉시 한 치의 오류도 없이 시행해야 했기에 기술적인 사항을 미리 점검하고 준비할 필요가 있었다. 영국, 미국, 네덜란드, 독일의 사례를 벤치마킹하여 기술적인 정보를 수집했고, 미국 FBI를 비롯해 각 나라에서 운영하고 있는 DNA 데이터베이스의 기술과 장단점을 파악해 준비했다.

현재 우리나라 검찰이 사용하고 있는 범죄자 DNA 데이터베이스 운영 소프트웨어는 미국 FBI의 CODIS 시스템을 무상으로 제공받아 국내에 적합하게 개발한 것이다. 또한 데이터베이스에 입력할 DNA 정보를 얻는 데 필요한 감식 시약의 국산화에도 도전했다. 국내 대학의 내로라하는 학자들과 협력 연구를 진행한 결과 현재는 범죄자의 DNA 프로필을 얻는 데 국산 감식 시약이 쓰이고 있다. 또 외국의 사례를 벤치마킹하며 획득한 관련 법률 정보는 DNA법의 초안을 만드는 데 긴요하게 사용되었다. 전화위복이라고 할까. 거센 반대에 부딪혀 머물러 있던 시간 덕분에 우리나라는 앞서나갔던

나라들이 겪었던 시행착오를 줄일 수 있었다.

우여곡절 끝에 DNA법은 '디엔에이 신원 확인 정보의 이용 및 보호에 관한 법률'이란 긴 이름으로 2010년 7월 26일 발효되었다. 사실 이 법은 참여정부 시절 국회에 제출되었다가 정부 임기 만료로 통과되지 못하고 다음 정부에 가서 다시 국회에 제출되는 고난을 겪기도 했다.

이 법이 국회에서 통과되던 날을 잊을 수 없다. 2009년 12월 말이었는데, 국회방송으로 표결이 통과되는 장면을 보면서 나도 모르게 눈물이 맺혔다. 범죄자 DNA 데이터베이스는 이렇게 어렵게 탄생했다. 법률의 국회 통과 후 시행까지 남은 6개월여 동안 여러 가지 준비를 하며 정신없이 보냈지만, 내 인생에서 가장 행복한 순간 중 하나로 남아 있다.

그런데 우연치고는 이상한 것이 있다. 아니 분명히 우연이 아니다. 잠자고 있던 법률안을 다시 꺼낸 2004년과, 법률이 통과된 2009년 즈음은 강력범죄 사건으로 유난히 세상이 시끄러웠다. 2004년에는 우리가 너무나 잘 아는 유영철 연쇄살인, 정남규에 의한 서울 서남부 연쇄살인이 대한민국을 충격에 빠뜨렸고, 2009년에는 강호순의 연쇄 성폭행 살인과 조두순의 끔찍한 아동 성폭행 사건으로 온 나라가 분노로 들끓었다. 꼭 대형 사건들이 터져야 법이 통과되는 것일까? 왠지 씁쓸하다.

누군가를 찾는 간절함

1995년 6월 29일 저녁, 퇴근 후 귀가하던 중이었다. 라디오에서 속보가 긴박하게 흘러나왔다. 강남 한복판에 있는 백화점이 무너졌다는 소식이었다. 아수라장이 되었을 현장이 순간적으로 머릿속에 그려졌다. 곧이어 '많은 사람이 안타깝게 희생되겠구나. 신원 확인도 쉽지 않겠다' 하는 생각이 스쳐 지나갔다. 삼풍백화점 붕괴 사고로 결국 수많은 인명 피해가 발생했다. 무려 500명이 넘는 이의 목숨을 앗아가고 부상까지 합치면 1400여 명의 사상자가 발생한 대형 참사였다.

또한 이 사건은 희생자 신원 확인을 위해 DNA 감정이 시도된 최초의 대형 참사이기도 하다. 모든 희생자를 조기에 인양해 신원 확인에 별문제가 없던 성수대교 붕괴 때와는 달리 습도가 높은 폭염 속에서, 무너진 건물 더미에 깔린 희생자들의 시신은 빠르게 부패되어 얼굴 형체를 알아볼 수 없을 정도였다. 일부는 신체 일부가 조각난 경우도 있어 소지품 검사, 법의학이나 법치의학적 소견, 지문으로는 신원 확인이 불가능했다.

최후의 수단으로 DNA 감정을 시도했는데 내가 속한 검찰뿐만 아니라 국과수, 서울대학교와 고려대학교의 법의학교실이 공동으로 참여했다. 요즘의 분석 기술이 사용되었다면 훨씬 많은 사람의 신원이 확인되었겠지만 당시의 기술로는 DNA를 검출하기 어려운 경우도 많았다. 안타깝고 유족에게 죄송한 마음이 들었다. 하지만 최선을 다했고, DNA 감정이 아니었으면 신원 확인이 불가능했던 수십여 명의 시신을 유족에게 돌려드릴 수 있었다. 비슷한 옷차림 때문에 뒤바뀔 뻔했던 희생자의 신원을 정확히 가려내어 장례 전에 올바른 가족에게 인도한 일도 있었다. 아쉬운 점도 많았지만 내가 하는 일이 애타게 누군가를 찾는 이들을 도울 수 있음을 알게 된 소중한 경험이었다.

겪어보지 못했기에 불의의 사고로 갑자기 가족을 잃은 아픔을 잘 알지는 못한다. 하지만 삼풍백화점 붕괴 사고를 가까이에서 경험하면서 어느 정도 공감할 수 있게 되었다. 남겨진 가족의 비통함, 간절함…. 그 간절함을 풀어주기 위해 최선을 다해야겠다는 직업적 소명의식을 느꼈다.

1997년 8월, 대한항공 여객기가 괌 공항에 착륙하기 직전에 악천후로 밀림에 추락했다. 이 사고로 230여 명의 승객과 승무원이 사망했다. 희생자의 대부분이 한국인이었다. 많은 한국인이 외국 땅에서 사망한 초유의 사건이었기에 우리나라 정부는 긴박하게 움직였다. 희생자의 신원을 확인하기 위해 나를 포함해 검찰 두 명, 국과수 직원 두 명, 연세대학교 법치의학 전문가 등 다섯 명이 사고 이틀 만에 현지로 급파되었다. 당시 우리는 대한항공이 제공한 전세기를 탔는데 줄곧 내 머릿속을 가득 채웠던 건 어떻게 하면 조기에 샘플링을 해서 DNA를 감정한 후 유족에게 희생자를 보내드릴 수 있을까 하는 생각뿐이었다.

그런데 막상 현지에 도착해보니 돌아가는 상황은 완전히

딴판이었다. 이번 사고 수습은 미연방교통안전위원회(NTSB)가 주도하고 있었는데, 미국 영토 내에 비행기가 떨어졌으니 기체와 탑승객에 관한 모든 사항은 미국 정부의 소관이라며 우리에게는 사고 처리 현장에 접근하지 못하게 했다. 희생자 대부분이 한국인이고 우리나라 여객기인데 추락 현장은 물론이고 시신을 수습하고 안치하는 현장에도 접근이 허용되지 않아 내 계획은 산산조각나고 말았다. 현장에 파견된 우리 외교부나 대한항공 직원을 통해 강력하게 항의도 해보았지만 소용없었다. 단지 진행 상황을 간간이 전해 듣기만 했다.

참담하고 답답한 시간이 속절없이 흘러갔다. 언론은 국내에서 파견한 전문가들이 아무런 역할도 하지 못하고 있다며 비판의 목소리를 높였다. 우리는 죄인이었다. 미국 측의 큰 호의(?)로 시신 안치 현장을 겨우 둘러보고, 신원 확인과 관련해서는 우리 정부에 협력을 요청할 부분이 있으면 하겠노라는 약속을 겨우 듣고 열흘 만에 귀국 비행기에 몸을 실었다. 허탈하고 부끄러웠다. 한 달 정도 지난 후에 비로소 국과수를 통해 미국의 결과와 비교하기 위한 목적으로 DNA 감정을 위한 시료를 받을 수 있었다. 우리의 DNA 감정 결과는 미국 측에 전달되었고, 미국이 진행 중이던 희생자 신원 확인이 모두 끝났다는 소식을 사고 발생 후 1년이 지나서야 국내 뉴스를 통해 들었다. 우리나라였다면 훨씬 빨리 결과가 나왔을 것이다. 할 수만 있다면 머릿속에서 지우고 싶은 경험이다.

이와 유사한 항공기 사고가 2002년 국내에서도 일어났다. 중국 국적의 민항기가 김해공항 인근에 추락했는데, 희생자는 주로 한국인과 중국인으로 총 129명이었다. 이 사건에서는 희생자 신원 확인을 위해 검경과 국과수가 발 빠르게 협력체계를 갖추었다. DNA 감정에서 한 치의 오류도 허용하지 않기 위해 동일한 시신에 대해 국과수와 검찰이 별도의 분석을 시행한 후 결과를 맞추어보기로 했다. 이때 정착된 국과수와 검찰의 상호 교차 DNA 신원 확인 협력체계는 이후 일어나는 모든 대형 참사에 적용되었다.

불의의 사고로 가족을 잃은 분들의 슬픔을 알기에 우리는 밤을 새워가며 가능한 한 빨리 결과를 얻고자 했다. 특히 희생자 신원을 확인하기 위해서는 유족의 DNA와 비교해서 가족관계를 밝히는 과정이 필수였다. 그런데 당시에는 이런 목적으로 활용되는 상용 소프트웨어가 없어 사람의 눈으로 일일이 비교해가며 가족관계를 찾아내야 했다. 나는 윈도우 엑셀 프로그램의 함수와 매크로 기능을 이용해 DNA 프로필 입력만으로 희생자의 가족을 찾아내는 프로그램을 직접 만들었다. 129명의 희생자 시신과 유족들의 DNA 프로필을 입력하자 마치 퍼즐이 하나하나 맞추어지듯 모두 해당 가족과 연결되었다. 퍼즐이 완성된 것이다. 이 사고의 해결과정은 희생자 전원의 시신이 가족을 찾아 유족의 품으로 돌아갔던 모범적 사례로 남아 있다.

비행기 추락 사고나 선박의 침몰 사고는 DNA 분석 결과만 확실하게 나오면 가족을 찾아주는 일이 비교적 쉽다. 탑승객 명단이 있기 때문이다. 그런데 대구 지하철 화재 참사는 좀 다른 경우였다. 2003년 2월에 일어난 이 참사는 어처구니없게도 한 시민이 지하철에 불을 질러 일어난 것인데, 초기에 적절하게 대응했다면 더 큰 피해를 막을 수 있었던 전형적인 인재였다.

사건이 일어난 바로 그날, 시신 수습과 신원 확인을 위해 관련 기관들의 법의학자, 지문 분석과 DNA 감정 전문가들이 대구로 총집결했다. 나는 열흘 이상을 대구에서 머물며 월배차량기지에 마련된 희생자 수습 현장에서 DNA 감정을 위한 시료를 채취하는 작업을 여러 기관에 소속된 분들과 같이 진행했다.

희생자들의 시신은 참혹함 그 자체였다. 온전한 시신은 얼마 되지 않았고 불에 타버려 백골화되거나 숯덩이가 된 뼈와 신체 조각들이 즐비했다. 손으로 힘을 주면 그대로 부서지는 뼛조각들이 부지기수였다. 몇 명의 희생자가 있는지 누구도 가늠할 수 없었다. 비행기나 선박처럼 탑승객 명단이 없으니, 더욱 난감한 상황이었다. 탑승객의 범위가 알려지지 않은 이런 사건에서는 사망자 신원 확인이 법적인 문제와 결부되기 때문에 더욱 중요하다(이런 참사의 와중에 보상금을 받기 위해 유족으로 허위 신고를 하는 나쁜 사람들도 있었다). DNA 감정이 불가능할 것처럼 보이는 시료들도 가능한 한 많이 채취했다. 분석 결과는 시료의 상태에 비하면 양호한 편이었으며, 총

307점의 시료에서 검출된 DNA는 희생자 137명의 것으로 드러났다. 한 명의 희생자가 여러 개의 신체 조각으로 나눠지는 경우가 많았기 때문이다. 우리가 분석한 결과를 포함해 신원이 확인된 대구 지하철 화재 사건의 사망자 수는 192명으로 최종 집계되었다. 부상자와 실종자는 제외한 수치다.

악몽과 같은 기억이 잊혀갈 즈음인 2014년 4월, 대형 참사가 또다시 일어나고야 말았다. 총 304명의 아까운 생명을 어이없이 앗아간 세월호 침몰 사건이다. 희생자의 대부분이 제주도로 수학여행을 가던 고등학생들이었다.

배가 완전히 침몰하고 더 이상의 구조자가 나오지 않으면서, 배 안에 남은 승객들이 생존해 있으리라는 소망이 점점 옅어져가던 즈음에 나는 진도 팽목항으로 갔다. 앞으로 진행할 DNA 신원 확인에 대한 세부 사항을 협의하기 위해서였다. 예전에는 육안이나 법의학적 소견만으로도 충분히 신원 확인이 가능한 참사에서는 DNA 감정이 제한적으로만 쓰였다. 분석하는 데 시간이 상대적으로 오래 걸리기 때문이었다. 하지만 DNA 감정 기술의 발달로 분석 속도가 개선된 뒤로는 익사 사고와 같이 신원 확인이 비교적 용이한 사건에서도 DNA 신원 확인이 중요한 자리를 차지하게 되었다.

그곳은 사고 수습대책 인력, 인명구조 인력, 희생자 가족들이 얽히고설켜서 참담하고도 부산한 모습이었다. 도착해서 얼마 지나지 않아 대성통곡하는 소리가 들렸다. 잠수부가 침몰된 배에서 꺼낸 시신 한 구가 막 팽목항에 들어왔기 때문이다. 그 시신이 자기의 자식임을 확인한 부모는 정신을 잃을 듯이 울부짖었고 주위도 울음바다가 되었다. 그 장면을 뒤에서 지켜보던 나도 흐르는 눈물과 미어지는 가슴을 주체할 수가 없었지만, 서둘러 필요 사항을 협의해야 했다. 협의 내용은 모든 시신에 대해 국과수와 검찰이 각각 감정을 한다는 것이었는데, 문제는 시신 인양 후 24시간 이내에 DNA 감정 결과를 얻어 해당 가족에게 통보해주어야 한다는 것이었다. 아무리 기술이 개량되어 분석하는 시간이 빨라졌다고는 하나 24시간 이내는 거의 불가능한 시간이었다. 그렇지만 희생자 가족들의 분노가 극에 달해 있던 시점이라 조정할 엄두를 낼 수 없었다. 100미터 전력 질주를 마라톤 거리만큼 해야 한다는 비유가 적절할지 모르겠다.

우리는 두 명씩 조를 지어 신원 확인이 거의 끝나는 시기까지 24시간 교대근무를 했다. 진도에서 시신이 올라오면 현장에서 시료를 채취해 헬기로 전라남도 장성의 국과수 서부분원으로 수송하고 거기에서 다시 일부 시료를 육로로 서울 서초동의 대검 분석실로 보내는 과정이 반복되었다. 맡길 만한 사람이 마땅히 없는 경우에는 나를 포함해 우리 검찰청 직원이 손수 차를 운전해서 시료를 받기도 했다. 그렇게 해서 수습된 거의 모든 시신에 대해 24시간 내에 결과를 낼 수 있었다. 다시 돌이켜보아도 이런 무모한 일을 끝까지 함께해준 동료들에게 무한한 감사를 전하지 않을 수 없다. 나에게 세월호의 기억은 그렇게 남아 있다.

한 가지 더 하고 싶은 말이 있다. 세월호 사건의 주요 피의자였던 유병언 회장이 죽은 채로 발견되었는데, 유 회장의 시신이 아니라는 소문이 마치 사실인 양 떠돌아다녔다. 하지만 죽은 사람은 유 회장이 맞다. 유 회장이 착용하던 물건에서 나온 DNA와도 일치하고 유 회장의 아들과도 부자관계가 확실히 성립했다. 중요 사건마다 정부의 발표를 온전히 믿지 않는 사람들을 볼 때면 마음이 착잡해진다.

사건이 기억에 남는 여러 가지 이유

어떤 사건이 제일 기억에 남느냐는 질문을 많이 받는데, 연쇄 살인범과 연쇄 성폭행범 관련 사건들이다. 나는 범행 횟수보다는 잔인한 범행 수법에 더 큰 분노를 느끼곤 했다. 도대체 왜 이렇게까지 했을까. 물론 사이코패스 범죄자는 죄책감도 못 느낀다고는 하지만 사람이 사람에게 그렇게 할 수 있다는 것이 좀처럼 믿기지 않는다. 아주 조그만 흔적까지 찾아내어 용의자를 밝혀내는 DNA 감정은 범죄자들에게도 매우 두려운 일이 아닐 수 없다. 그런데 역설적이게도 DNA 감정의 정확성이 알려지면서 시신을 끔찍하게 훼손해 유기하는 범죄가 늘어나고 있다. 아예 DNA가 검출되지 않게 하기 위해서다.

실제로 1990년대 이전과 이후의 연쇄살인이나 흉악범죄를 비교해보면 이 점이 극명하게 드러난다. 1994년에 있었던 지존파 사건은 아예 범죄 아지트에 소각로를 갖추어 시신을 태웠는가 하면, 유영철 연쇄살인에서는 여성들을 살해한 후 토막 내어 자루에 담아 암매장했다. 연쇄살인범이 아니더라도 전남편을 살해한 고유정, 알게 된 이웃을 이유 없이 살해한 정유정도 시신을 토막 내어 유기하는 잔인함을 보였다. 이런 사건들에서 DNA 감정을 의뢰하는 증거물은 실로 다양하다. 칼이나 둔기 같은 전형적인 살해 도구 외에도 신체를 절단하는 데 사용한 낫, 도끼, 톱 등 떠올리기도 싫은 도구들이 등장한다.

2018년에 발생한 한 살인사건의 범인은 정육점에서 쓰는 육절기로 시신을 훼손했다. 육절기에 듬성듬성 붙어 있는 살점을 채취하다 보면 아무리 경험 많은 전문가라도 비위가 상하고 욕이 나올 수밖에 없을 것이다. 살점이 붙은 믹서기를 분석해야 하는 경우도 있었는데, 이건 절단이 목적이라고 절대 볼 수 없으므로 무엇이 이렇게까지 하도록 만들었는지, 그리고 인간의 잔인함이 어디까지인가 하는 생각이 밀려왔다. 감정물이 너무 많아 분류하는 데에만 며칠씩 걸려 야근을 밥 먹듯 해야 했던 연쇄살인, 끔찍한 범행 도구들을 분석해야 했던 흉악범죄들이 유독 기억에 남는 것은 아마도 말살된 인간성에 대한 분노 때문이리라.

DNA 감정 결과에도 불구하고 아쉬운 판결로 이어진 사건도 오래 기억에 남는다. DNA 감정을 수사에 도입하기 시작한 지 얼마 안 된 1992년 겨울쯤이다. 한 할머니가 집에서 살해되었는데, 용의자는 빠르게 지목되었지만 범행을 입증할 증거가 부족했다. 다행히 사건이 일어난 방에서 발견된 두세 올의 머리카락에서 용의자와 일치하는 DNA 프로필을 검출하는 데 성공했다. 증거가 부족한 상황에서 정말 중요한 일을 했다고 생각하니 보람을 느꼈음은 물론이다. 자백도 받았고 현장검증도 마쳐서 용의자는 기소 후 재판에 넘겨졌다.

그런데 법정에서 뜻밖의 결과가 나왔다. 머리카락 DNA 증거를 배척한 것이다. 피의자의 DNA가 검출된 모발이 현장검증 후에 다시 현장을 조사하던 중 채취된 것이었기 때문이다. 현장검증 때 떨어졌을 가능성을 배제하지 못하므로 증거능력이 없다는 판결이었다. 증거의 무결성이 근본적으로 훼손되었으므로 당연한 판결일 것이다. 물론 내가 그동안 쏟은 노력은 한순간에 물거품이 되었다. 법과학자로서의 삶을 시작한 지 얼마 안 되었을 때 겪은 사건이라 그런지 늘 머릿속에 남아 있다.

2004년의 거제도에서 일어난 살해사건도 잊을 수 없다. Y염색체 DNA 증거가 주요 쟁점인 사안에서 증명력을 인정하지 않은 사건이다. 나는 기소를 한 검사의 편에 서서 Y염색체 분석의 신뢰도와 타당성을 객관적으로 설명하고자 했지만, 법정은 이를 받아들이지 않았다. 양측 모두의 논리에 다 일리가 있었고, 진실은 끝내 밝혀지지 않았다. 과연 무엇이 진실일까, 아직도 궁금하다.

앞에 나열한 사건과는 조금 다른 종류이지만 줄기세포 연구 논문 조작 사건도 빼놓을 수 없다. 2006년 전국을 떠들썩하게 하며 우리 사회에 큰 충격을 준 사건이었다. 생명과학을 전공한 나로서는 우리나라가 줄기세포 치료 분야에서 앞서 있다는 자부심을 갖게 한 연구였기에 진상이 드러났을 때 더 큰 상실감을 느꼈다. 검찰에 특별수사팀이 꾸려졌고 나는 그 팀원들에게 배아줄기세포가 무엇인지부터 시작해서 논문 조작의 쟁점 사항에 대해 강의도 하고, 수사팀의 지속적인 자문에도 응했다. 압수수색 당시 수사팀과 현장에 같이 나가 액체질소 탱크에 든 세포주들과 실험 물질들을 몽땅 챙겨서 가져오는 일도 했다. 마지막까지 설마 하면서 진실한 줄기세포주가 하나라도 나오길 바랐지만 분석한 시료는 모두 가짜로 드러났다. 그때의 기분은 허탈함, 분노, 자괴감 등이 섞인 묘한 것이었다.

형사사건은 아니지만 국내 최초로 시도했던 'DNA를 이용한 실종 아동 찾기 사업'도 추억으로 남아 있다. 2000년 말에 한국복지재단으로부터 한 실종 아동의 부모로 추정되는 사람을 찾았는데 친자관계가 맞는지 확인해달라는 의뢰를 받았다. 당시에는 지금처럼 실종 아동과 그 가족에 대한 정보를 국가가 체계적으로 관리하지 못했고, 사안별로 보건복지부 산하의 비영리단체인 한국복지재단에서 관리하고 있었다. 그 의뢰는 내게 신선한 충격이었다. '그렇구나. DNA 감정이 실종 아동의 부모를 찾아주는 일도 할 수 있겠구나. 왜 여태 그런 생각을 못했지?' 분석 결과 다행히 친부모가 맞았다.

한국복지재단은 크게 고무되었고, 얼마 지나지 않아 전국의 실종 아동들과 아이를 잃어버린 부모들의 DNA 프로필을 데이터베이스로 만드는 사업을 같이 해보자고 제안해왔다. 정말 좋은 일이니 마다할 이유가 없었다. 수사기관이 실종 아동의 DNA를 관리한다는 문제를 해결하기 위해 인적사항은 한국복지재단에서만 관리하고 가족관계 검색은 기술을 가진 민간업체가 맡으며, 검찰은 오직 DNA 프로필 분석만 실시하는 방안이 마련되었다.

2001년 1월에 한국복지재단은 이와 같은 사업이 시작되었음을 언론에 대대적으로 알렸다. 곧이어 비난이 쏟아지기 시작했다. 관련 법령도 마련되지 않은 상태에서 이런 일을, 그것도 수사기관과 연결해 추진하는 것은 말도 안 된다는 주장이었다. 범죄자 DNA 데이터베이스를 반대했던 바로 그 논리가 이번에도 등장한 것이었다. 우리는 논란에도 불구하고 열심히 일을 진척해나갔다.

사업 시작 후 1년이 채 안 되어 두세 건의 극적인 상봉이 이루어졌다. 나는 크게 고무되었고 지속적으로 추진하면 큰 효과를 볼 수 있다는 확신이 들었다. 하지만 관련 법령이 없다는 것은 여전히 걸림돌로 남아 있었다. 그러던 중 정부 내 협의를 통해 실종 아동 찾기 사업은 전국적인 네트워크가 잘 갖춰진 경찰이 맡는 것이 좋겠다는 쪽으로 의견이 모아졌다. 여태까지 들인 노력이 정말 아까웠지만 더 잘되는 방법을 찾겠다는 것이니 어쩔 도리가 없었다. 자식을 보내는 마음으로 그때까지 구축한 DNA 프로필을 경찰에 넘기고 우리는 사업을 접었다.

현재 실종 아동 찾기 사업은 2005년에 최초로 제정된 '실종 아동 등의 지원 및 보호에 관한 법률'에 근거해 경찰이 국과수의 DNA 감정 지원을 받아 수행하고 있다. 가끔 오래 전에 실종된 아동을 찾았다는 소식을 접하면 반가운 마음이 든다.

그 밖의 것들, 그리고 흘러간 세월

나는 한국이 법과학 분야에서 세계를 앞서가는 나라가 되었으면 좋겠다. 그러기에는 아직 법과학 인력의 저변도 미약하고 국가적인 투자도 거의 없다시피 하지만, 그 속에서 내가 할 수 있는 작은 일이라도 찾아서 하려고 노력하는 삶을 살아왔다.

서래마을 영아살해사건에서 보듯 우리나라의 법과학은 그 높은 수준에 비해 외국에 잘 알려지지 않았었다. 언어 등 여러 문제로 미국이나 유럽 전문가들과의 소통이 부족했기 때문이다. DNA 감정 분야에서 최고의 권위를 가진 국제법유전학회(ISFG)라는 단체가 있다. 1968년에 설립된 단체로 DNA 감정을 포함해 모든 법유전학 관련 이론과 기술은 이 학회를 통해 전파된다고 할 만큼 권위가 있다. 국내의 몇 안 되는 DNA 전문가들도 2년마다 열리는 이 학회의 국제학술대회에는 정기적으로 참석하고 논문도 발표한다.

2011년에는 오스트리아 빈에서 학술대회가 열렸다. 그때

학회의 운영위원들과 식사를 같이할 기회가 있었는데, 학회장이 농담 반 진담 반으로 한국에서 국제학술대회를 여는 것이 어떻겠느냐고 제안했다. 그때까지 스물네 번의 학회를 치르는 동안 우리나라는 물론 아시아에서 한 번도 개최된 적이 없었기 때문이다. 그 자리에 있던 우리 일행은 모두 솔깃했다. 하지만 아직 우리나라 법유전학의 학계 인프라는 그런 행사를 개최하기에는 힘이 부친 듯싶었다. 그렇다면 정부가 그 일을 해내면 어떨까 하는 욕심이 들었다. 우리나라에서도 범죄자 DNA 데이터베이스를 막 구축하기 시작하던 때라 학술대회 개최를 긍정적으로 받아들일 것 같았다. 개최 장소는 4년 전 학회에서 투표로 결정한다. 여러 가지 내부 설득 과정을 거쳐 나는 2013년 오스트레일리아 멜버른에서 개최된 25회 학술대회에서 개최 유치 프레젠테이션을 했다. 같이 발표하는 후배 직원과 함께 15분 정도의 영어 스피치를 참 열심히도 준비했다. 그 15분을 위해 모든 잠재력을 쏟아부었던 것 같다. 2013년 학회에서 대한민국 서울은 캐나다 몬트리올을 압도적인 표 차로 누르고 27회 국제법유전학회 개최지로 선정되었다. 개최지가 발표되는 순간 마치 올림픽 개최지로 선정된 것처럼 벅찬 감격을 느꼈다.

그런데 덜컥 유치는 했지만 예산도 조직도 아무것도 없었다. 여기서 세세한 과정을 다 밝힐 필요는 없지만 4년 동안 개최 준비를 위해 정말 많은 사람이 애를 썼다. 그 결과 2017년 8월 말 검찰총장의 개회사를 시작으로 일주일 동안

27회 국제법유전학회를 성공적으로 치를 수 있었다. ISFG 회장은 과거 어떤 학술대회보다 내용과 절차가 완벽했다고 엄지를 치켜세웠다. 학술대회를 같이 준비한 국제행사 대행 업체도 순수 외국인만 600명이 넘게 참석한 것에 놀라며 대단히 성공적인 행사였다고 평가했다. 기분 좋은 일이 아닐 수 없었다. 현재는 ISFG가 발행하는 국제학술지의 편집위원으로 우리나라 교수 한 분이 참여하고 있고, 학회를 통해 외국 전문가와의 공동 연구도 활발하게 이루어지고 있다. 모두 그동안의 노력이 맺은 결실이 아닐까 한다.

2012년부터 3년 동안 수행된 'DNA 감식의 국산화 및 선진화 연구'는 법무부 예산을 배정받아 국내 전문가들이 연구를 수행하도록 지원한 순수 연구개발 사업이었다. 연구개발이라는 용어가 흔하지 않은 법무부의 입장에서 보면 3년 동안 적지 않은 예산이 투입된 사업이었다. 나는 우리나라가 DNA 감정 기술에서 외국을 따라갈 것이 아니라 장래에는 세계를 선도해야 한다는 생각으로 사업 타당성 자료를 만들었고 과학기술부와 국회를 드나들며 힘들게 설득했다. 연구의 결과물로 범죄자 DNA 데이터베이스에 사용될 수 있는 DNA 감식 시약을 국산화했고, 3년간의 연구 실적을 토대로 어떤 분야에서는 외국의 연구를 능가하는 기술을 갖추기도 했다. DNA 감정과 관련된 연구개발 사업으로서는 가장 큰 규모로 진행된 프로젝트였던 만큼 보람과 자부심을 느꼈다. 연구에 투입된 예산이 적지 않아서인지 사업 중간에 나를 포함해 직원들과 연구자들이 어처구니없는 오해를 받기도 했다. 그때는 정말 답답하고 일에 대한 회의도 느꼈지만, 지나고 난 지금은 당시의 일이 추억의 한 자리를 차지하고 있다.

30년의 세월을 두서없이, 그러나 솔직하게 이야기했다. 잘한 일도 있고 아쉬운 일도 많지만 한눈팔지 않고 한 우물을 팔 수 있었던 것은 인력 풀이 적은 DNA 감정 분야에서 전문가로서 국가를 위해, 또 후배들을 위해 무언가는 남기고 싶다는 소망 때문이었다. 돌이켜보면 우물을 파서 샘은 발견했지만 가물어도 마르지 않는 샘은 아직 완성하지 못했다는 생각이 든다. 하지만 후배들이 마르지 않는 샘을 완성할 수 있다면 우물 자리를 찾은 것만으로도 충분히 의미 있는 삶이 아닐까.